科学奥妙无穷 ▶

可以感知温
可以丰富色

U0606925

水箱里的主角
观赏鱼

于川 编著

北方妇女儿童出版社

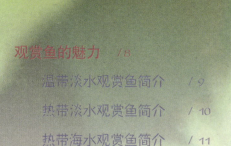

目 录

目

录

欣赏和养殖观赏鱼是当今人类一项极富情趣的休闲活动。它可以使我们欣赏到水底水族世界的种种奇观，有的似湖光山色、有的似峰峦丛林，奇花异草，叶蔓丛生，而各种鱼类，五光十色，游戏其间，更借助于光影作用，晶莹剔透，富丽绚烂，使人目眩神迷，遐想无限。现在在许多旅游景点、商厦、宾馆、娱乐和展览场所，都可以看到它们的倩影。在许多家庭中，也养着各种不同类型的金鱼、神仙鱼及其他各种热带鱼、海水观赏鱼，成为庭院或厅室一景，高雅别致，赏心悦目。

观赏鱼的魅力

观赏鱼是指那些具有观赏价值的有鲜艳色彩或奇特形状的鱼类。它们分布在世界各地，品种达数千种。它们有的生活在淡水中，有的生活在海水中，有的来自温带地区，有的来自热带地区。它们有的以色彩绚丽而著称，有的以形状怪异而称奇，有的以稀少名贵而闻名。在世界观赏鱼市场中，它们通常由三大品系组成，即温带淡水观赏鱼、热带淡水观赏鱼和热带海水观赏鱼。

温带淡水观赏鱼简介 〉

温带淡水观赏鱼主要有红鲫鱼、中国金鱼、日本锦鲤等，它们主要来自中国和日本。红鲫鱼的体形酷似食用鲫鱼，依据体色不同分为红鲫鱼、红白花鲫鱼和五花鲫鱼等，它们主要被放养在旅游景点的湖中或喷水池中，如上海老城隍庙的"九曲桥"、杭州的"花港观鱼"等。

中国金鱼的鼻祖是数百年前野生的红鲫鱼，它最初见于北宋初年浙江嘉兴的放生池中。公元1163年，南宋太上皇赵构在皇宫中大量蓄养金鲫鱼。金鱼的家化饲养是由皇宫中传到民间并逐渐普及开来的。金鱼的家化经历了池养和盆养两个阶段，经过数代民间艺人的精心挑选，由最初的单尾金鲫鱼，逐渐发展为双尾、三尾、四尾金鱼，颜色也由单一的红色，逐渐形成红白花、五花、黑色、蓝色、紫色等，体形也由狭长的纺锤形发展为椭圆形、皮球形等，品种也由单一的金鲫鱼，发展为今天丰富多彩的数十个品种，诸如龙睛、朝天龙、水泡、狮头、虎头、绒球、珍珠鳞、鹤顶红等。据史料记载，中国金鱼在明朝首次传入日本，并于1615—1623年再次传入日本。

日本锦鲤的原始品种为红色鲤鱼，早期也是由中国传入日本的，经过日本人民的精心饲养，逐渐成为今天驰名世界的观赏鱼之一。日本锦鲤的主要品种有红白色、昭和三色、大正三色、秋翠等。

热带淡水观赏鱼简介 ＞

热带淡水观赏鱼主要来自于热带和亚热带地区的河流、湖泊中,它们分布地域极广,品种繁多,大小不等,体形特性各异,颜色五彩斑斓,非常美丽。依据原始栖息地的不同,它们主要来自于三个地区:一是南美洲的亚马逊河流域的许多国家和地区,如哥伦比亚、巴拉圭、圭那亚、巴西、阿根廷、墨西哥等地;二是东南亚的许多国家和地区,如泰国、马来西亚、印度、斯里兰卡等地;三是非洲的三大湖区,即马拉维湖、维多利亚湖和坦噶尼喀湖。

热带淡水观赏鱼较著名的品种有三大系列。一是灯类品种,如红绿灯、头尾灯、蓝三角、红莲灯、黑莲灯等,它们小巧玲珑、美妙俏丽、若隐若现,非常受欢迎。二是神仙鱼系列,如红七彩、蓝七彩、条纹蓝绿七彩、黑神仙、芝麻神仙、鸳鸯神仙、红眼钻石神仙等,它们潇洒飘逸,温文尔雅,大有陆上神仙的风范,非常美丽。三是龙鱼系列,如银龙、红龙、金龙、黑龙鱼等,它们素有"活化石"美称,名贵美丽,广受欢迎。

热带海水观赏鱼简介 ＞

海水观赏鱼主要来自于印度洋、太平洋中的珊瑚礁水域，品种很多，体型怪异，体表色彩丰富，极富变化，善于藏匿，具有一种原始古朴神秘的自然美。常见产区有菲律宾、中国台湾和南海、日本、澳大利亚、夏威夷群岛、印度、红海、非洲东海岸等。热带海水观赏鱼分布极广，它们生活在广阔无垠的海洋中，许多海域人迹罕至，还有许多未被人类发现的品种。热带海水观赏鱼是全世界最有发展潜力和前途的观赏鱼类，代表了未来观赏鱼的发展方向。

热带海水观赏鱼由三十几科组成，较常见的品种有雀鲷科、蝶鱼科、棘蝶鱼科、粗皮鲷科等，其著名品种有女王神仙、皇后神仙、皇帝神仙、月光蝶、月眉蝶、人字蝶、海马、红小丑、蓝魔鬼等。热带海水观赏鱼颜色特别鲜艳、体表花纹丰富。许多品种都有自我保护的本性，有些体表生有假眼，有的尾柄生有利刃，有的棘条坚硬有毒，有的体内可分泌毒汁，有的体色可任意变化，有的体型善于模仿，林林总总，千奇百怪，充分展现了大自然的神奇魅力。

11

● 它们以色彩绚丽著称

七彩凤凰 〉

七彩凤凰原产于委内瑞拉，学名为拉氏小箕土丽鲷，又名拉氏彩蝶鲷。

● 形态特征

野生七彩凤凰颜色更丰富，主体是蓝色，臀鳍、尾鳍和背鳍为浅红色，上面有蓝色发光斑点。腹鳍为红色，带黑色边缘。身体后半部和鳍条为深浅不一的蓝色，鳃盖上有一块黄斑，一条黑带贴眼而过。由于多代近亲繁殖，体表蓝色逐渐淡化呈浅蓝色。成鱼体长 6 厘米，颜色靓丽，身上有和鳉科一样的闪亮花纹。雄鱼鳍上有漂亮红边，背部具黑斑，体狭长，最长可达 7.5 厘米。雌鱼腹部膨大，活动摇摆，体色较淡。此鱼有很多变异品种，色彩、外形多种多样，像黄色外表的"金色凤凰"，体形拉长的"长鳍蓝"变种以及人工改良的荷兰凤凰等。

● 栖息环境

野生栖息地水温：25.5~29.5℃，完全不似在雨林栖息地就能发现的隐带丽鱼，七彩凤凰发现于南美洲的热带草原，这类草原通常是用于放牧的巨大干燥平原，遍布草原的是许多自然的或人造的池塘，池塘一般很浅并暴露于阳光直射的闷热环境，这样水会加热变暖。考虑到此鱼栖息地的温暖水温，鱼类收藏家们建议水温 31℃时去捕捉。它们原产地的水硬度偏软，酸碱度不高，多数酸碱度在 5 ~ 6.5，也有记录低于 4.6 高于 7.3。

• 生存习性

　　七彩凤凰是奥里诺科河流域特有淡水鱼，属于中底层水域杂食性鱼类，以植物和动物为食，接受任何种类的鲜活食物，当然多数方便食品也没有问题。栖息地有沙子时，它们花费数小时把沙子从鱼腮筛过去，过滤掉任何食物残留。尽管能与其他鱼类和平相处，但也具有攻击性，像多数慈鲷科鱼类一样，作为双亲的七彩凤凰极端呵护幼鱼，为此经常欺负比自己大得多的同居鱼类。

• 分布区域

　　野生种分布大洲：南美洲

　　主要分布国家：流经哥伦比亚及委内瑞拉热带草原的奥里诺科河流域。

13

血鹦鹉 >

血鹦鹉俗称红财神、财神鱼，其全身鲜艳通红，有着胖嘟嘟的体形和柔柔的鳍条。成年体长15~20厘米，体呈椭圆形。幼鱼期体色灰白，成年鱼体体态臃肿，粉红或血红色。

一个名叫蔡建发的人将自己渔场里的红魔鬼和紫红火口养在一起，结果无意中的阴错阳差之下，雄红魔鬼居然和同居的雌紫红火口产下一群稀奇古怪的新的鱼种出来，这就是血鹦鹉了。刚刚上市时，由于业者将血鹦鹉的来源当作商业机密看待，保密措施极为出色。一时

间关于血鹦鹉的身世的谣言四处流传开来。其实呢，血鹦鹉并不是一个自然的物种。它是在一个偶然的情况下，一次偶然的机遇，偶然被人创造了出来，并且一下子成为极为抢手的鱼种。血鹦鹉强健壮硕，几乎什么都吃，像人工饵料、薄片、颗粒、红虫、丰年虾、水虱等等。它就像一个垃圾桶一样，什么都来者不拒，照单全收，而且总是整天吃个不停。加上它们对水质的适应力极强，从弱酸性到中性的水质都可良好存活，所以要养活它们很容易。

斑马鱼 〉

斑马鱼，又名蓝条鱼、花条鱼、斑马担尼鱼，原产于印度、孟加拉国。斑马鱼是淡水水族箱观赏鱼，原产于亚洲，体长约4厘米，具暗蓝与银色纵条纹，蓑鲉属鱼类是海水水族箱观赏鱼，鳍棘有剧毒，体具色彩丰富的垂直条纹。有些种类称为蓑鲉或称狮子鱼、火鸡鱼。由于其基因与人类87%相似，因此广泛应用与生命科学的研究，2009年研究表明，它可能为盲人和耳聋带来福音。

血鹦鹉是对温度相当"敏感"的鱼种，原因并不是鱼体对温度的适应性差，而是因为在低水温和水温变动剧烈的情况下，容易因为生理的反应而失去鲜艳的体色，更甚者会出现黑色的条纹或是斑纹。使用加温器提升水温在25~28℃的范围内，便可使鱼呈现亮丽的体色和充满活力。而在低水温中生活久的鱼不但健康状况差得可怜，且容易生病、死亡。

15

• 形态特征

体长4~6厘米，体呈纺锤形。背部橄榄色，体侧从鳃盖后直伸到尾末有数条银蓝色纵纹，臀鳍部也有与体色相似的纵纹，尾鳍长而呈叉形。雄鱼柠檬色纵纹；雌鱼的蓝色纵纹加银灰色纵纹。

斑马鱼身体延长而略呈纺锤形，头小而稍尖，吻较短，全身布满多条深蓝色纵纹似斑马，与银白色或金黄色纵纹相间排列。在水族箱内成群游动时犹如奔驰于非洲草原的斑马群，故此得斑马鱼之美称。

• 分布

分布于孟加拉、印度、巴基斯坦、缅甸、尼泊尔的溪流。被引进美国、斯里兰卡、菲律宾、毛里求斯等地。

• 雌雄鉴别

斑马鱼的雌雄不难区分：雄斑马鱼鱼体修长，鳍大，体色偏黄，臀鳍呈棕黄色，条纹显著；雌鱼鱼体较肥大，体色较淡，偏蓝，臀鳍呈淡黄色，怀卵期鱼腹膨大明显。

> ## 斑马鱼的科学利用

由于斑马鱼基因与人类基因的相似度达到 87%，这意味着在其身上做药物实验所得到的结果在多数情况下也适用于人体，因此它受到生物学家的重视。因为斑马鱼的胚胎是透明的，所以生物学家很容易观察到药物对其体内器官的影响。此外，雌性斑马鱼可产卵 200 枚，胚胎在 24 小时内就可发育成形，这使得生物学家可以在同一代鱼身上进行不同的实验，进而研究病理演化过程并找到病因。

斑马鱼由于养殖方便、繁殖周期短、产卵量大、胚胎体外受精、体外发育、胚体透明，已成为生命科学研究的新宠。全球范围内有超过 1500 个斑马鱼实验室。利用斑马鱼，可以研究生命科学的基础问题，揭示胚胎和组织器官发育的分子机理；可以构建人类的各种疾病和肿瘤模型，建立药物筛选和治疗的研究平台；可以建立毒理学和水产育种学模型，研究和解决环境科学和农业科学的重大问题。

17

地图鱼 〉

　　地图鱼，黑色椭圆形的身体上布满了不规则的红色、橙黄色的斑纹，就像是一幅地图，因此得名。又因为它的尾部末端有一个被金色包围的黑色斑点，如星星般闪亮，又被称为"星丽鱼"。还有人称它为"花猪鱼"，是因为它们进食的贪婪和平时"好吃懒做"的生活习性。

• 生活习性

　　其野生鱼性格十分凶猛，有时会自相残杀，或者吃掉自己的小鱼。但是它如果跟其他种类的鱼待久了以后，还会保护对方。

　　地图鱼体型较大，行动迟缓，习性十分凶猛，食量惊人，非常贪吃，它们几乎吞食任何可以接受的饵料，但是最喜欢的食物还是鲜活的小鱼、小虾。在进食的时候，甚至嘴里含着一条还未吞咽下去的小鱼就去追逐捕食另外的，它们的贪婪由此可见。所以，千万不可将它们和体型较小的其他鱼类一起混合饲养，以免成为它们的点心！

　　地图鱼生存在热带地区，据有关资料介绍，已经有地图鱼在水族箱中存活13年的纪录。同时，它们也是热带鱼中最有感情的鱼，它们甚至可以认出长期饲养自己的主人。当陌生的人在观赏它们时，它们会若无其事地做自己的事，而当它们的主人靠近水族箱时，它们即刻会游靠过来，转动它们的大眼睛，摇着尾巴表示欢迎，它们也会接受主人的抚摸而没有丝毫惊异的状况，训练有素的地图鱼甚至会从水族箱中跃至水面接受主人手中的饵料，总之，地图鱼是一种非常有趣的观赏鱼。

• 形态特征

地图鱼是热带鱼中体形较大的一种鱼，在适宜自然条件下可达30厘米长，现已有几种不同变种。地图鱼体形魁梧，宽厚，鱼体呈椭圆形，体高而侧扁，尾鳍扇形，口大，基本体色是黑色、黄褐色或青黑色，体侧有不规则的橙黄色斑块和红色条纹，形似地图。成熟的鱼尾柄部出现红黄色边缘的大黑点，状如眼睛，可作保护色及诱敌色，使其猎物分不清前后而不易逃走。因体色暗黑，又称黑猪鱼；其尾鳍基部还有一中间黑、周围镶金黄色边的圆环，游动时闪闪发光，因此又叫尾星鱼。地图鱼的背鳍很长，自胸鳍对应部位的背部起直达尾鳍基部，前半部鳍条由较短的锯齿状鳍棘组成，后半部由较长的鳍条组成；腹鳍长尖形；尾鳍外缘圆弧形。地图鱼色彩虽然单调，其形态却很别致，具有独特的观赏价值，同时它的肉味道鲜美，具有食用价值。据介绍，地图鱼经人工饲养后，很有感情，当人们走近水族箱时，它会游过来，表示欢迎。

锦鲤 >

锦鲤在生物学上属于鲤科，鲤科是所有鱼类中最大的一科，超过1400种。是风靡当今世界的一种高档观赏鱼，有"水中活宝石""会游泳的艺术品"的美称。由于它对水质要求不高，食性较杂，易繁殖，故受到人们的欢迎。

• 形态特征

锦鲤体格健美、色彩艳丽、花纹多变、泳姿雄然，具极高的观赏和饲养价值。其体长可达1~1.5米，寿命也极长，能活60~70年，寓意吉祥，相传能为主人带来好运，是备受青睐的风水鱼和观赏宠物。

• 生活环境

锦鲤生性温和，喜群游，易饲养，对水温适应性强。可生活于5~30℃水温环境，生长水温为21~27℃。杂食性。锦鲤个体较大，体长可达1米，重10千克以上。性成熟为2~3龄。寿命长，平均约为70岁。于每年4—5月产卵。

除水温的高低和饵料的丰歉能影响锦鲤的生长速度外，雌、雄鱼的生长也有很大的差异。锦鲤体长达90厘米以上，就可以说是相当大了，但曾在日本一次口评会上出现过体长达125厘米的赤松叶锦鲤，比这更甚者有体长150厘米，重达45千克超级巨鲤的纪录。锦鲤的寿命很长，一般可达70年，据记载，日本有一尾名称"花子"的绯鲤，出生于1751年，死于1977年，共活了226年，鱼体长达77厘米，体重为9千克，可称得上锦鲤群中的"老寿星"。锦鲤的年龄测定，与多数鱼类相同，测定鳞片的年轮数，即表示锦鲤的年龄。

• 起源

锦鲤的祖先就是我们常见的食用鲤，鲤鱼的原产地为中亚细亚，后传到中国，在日本发扬光大。

锦鲤已有1000余年的养殖历史，其种类有100多个，锦鲤各个品种之间在体形上差别不大，主要是根据身体上的颜色不同和色斑的形状来分类的。它具有红白、黄、蓝紫、黑金、银等多种色彩，身上的斑块几乎没有完全相同的。

为什么日本锦鲤价比黄金？

在日本文化、文政时期（1804—1829年），新潟县中区附近的山古志村、鱼沼村等20村乡（已成为小千谷市的一部分），养殖者对变异的鲤鱼进行筛选和改良，培育出了具有网状斑纹的浅黄和别光（别光出自昭和，这里疑有误）。到了天宝年间（1830年），又培育出了白底红碎花纹的红白鲤。大正六年（1917年），由广井国藏培育出了真正的也是最原始的红白鲤，后来经过高野浅藏和星野太郎吉的改良，红白鲤的红质和白质有了较大的提高，之后由星野友右卫门于昭和十五年（1940年）培育出友右卫门系、纹次郎系；佐滕武平于昭和二十七年（1952年）培育出武平太系；广井介之丞于昭和十六年（1941年）培育出弥五左卫门系。

但是，这些还都是红质很淡的原始种。现在最著名的红白锦鲤有仙助系、万藏系和大日系，分别由纲作太郎于昭和二十九年（1954年）、川上长太郎于昭和三十五年（1960年）、间野宝于昭和四十五年（1970年）培育出来的。经过日本

养殖人多年的培育与筛选，使锦鲤发展到了全盛时期，成了日本的国鱼，并被作为亲善使者随着外交往来和民间交流，流入到世界各地。每年10月至12月，来自世界各地的锦鲤爱好者前往云集，一为选购自己喜爱的锦鲤，二来瞻仰闻名于世的"日本锦鲤"发祥地。

锦鲤在日本又称为"神鱼"，象征吉祥、幸福。日本人民把锦鲤看成是日本的艺术品，有"水中活宝石"之美称。在日本民族的意识里，锦鲤有一种以力称雄的内涵，雄健的躯干给人以力量的感觉和魄力的启示，就算被置于砧板之上也不会挣扎，具有泰然自若、临危不惧的风度。日本"爱鳞会"于1968年起每年举行一次锦鲤评品会，由日本首相亲自颁奖。锦鲤被引进中国后，得到了越来越多的人的喜爱，被称为好运鱼、风水鱼、水中活宝石、观赏鱼之王。

• 锦鲤在中国

中国自古也有"鲤鱼跳龙门"之说，喻人飞黄腾达，官运亨通。广东、港澳等地信奉以水为财，于庭院或阳台养鲤已成为一种时尚。

中国古代宫廷最早从唐代开始就已经有大规模养殖锦鲤的记录（此条讹误，古代中国养的是红鲤鱼，而锦鲤则出自黑色的真鲤而非红鲤鱼，锦鲤和古代宫廷养的"锦鲤"仅仅是名词相同，甚至可能这个名词都是今人臆测的）。距今已有1000多年历史，金鱼和锦鲫则有1400多年的历史。

日本锦鲤第一次输入中国是在1938年（昭和十三年），由日本东京的松冈氏将一批名贵锦鲤送给当时的伪满洲国皇帝，这也是日本锦鲤第一次输出到海外。而同年在美国旧金山的万国博览会上，日本曾特地选送了100尾锦鲤到会上展示，从而第一次向世界公开展示日本锦鲤的美姿。中华人民共和国成立后，于1973年日本首相田中角荣曾将一批锦鲤作为吉祥物赠送给周恩来总理，这批锦鲤交由北京花木公司养殖。日本养殖锦鲤的可考年代大约为100~200年。

吟咏锦鲤的诗词

《奉酬袭美苦雨》陆龟蒙

层云愁天低，久雨倚槛冷。丝禽藏荷香，锦鲤绕岛影。心将时人乖，道与隐者静。桐阴无深泉，所以逞短绠。

《西湖亭》薛利和

一泓泉色涨漪涟，窃号西湖几百年。泛出芰荷钱万叠，洗开杨柳眼三眠。雪鸥卧听禅僧磬，锦鲤行惊钓客船。若比钱塘江上景，欠他十里好风烟。

《水龙吟》苏轼

小沟东接长江，柳堤苇岸连云际。烟村潇洒，人闲一哄，渔樵早市。永昼端居，寸阴虚度，了成何事。但丝莼玉藕，珠粳锦鲤，相留恋，又经岁。

蓝曼龙 〉

　　蓝曼龙是攀鲈科毛足鲈属鱼类，与"三星""蓝星鱼"十分近似，原产于马来西亚、泰国、缅甸、越南等地。蓝曼龙体色艳丽，性情温和，幼鱼时常到水面吞咽空气，显得滑稽可爱；该鱼对水质适应力强，价格又比较低廉，所以是一种被世界热带鱼爱好者广泛饲养的品种。因其体色金黄而得名。这种人工培育的品种无野生种。

· 生活习性

成鱼一般情况游动较慢，容易让人感觉其性情温和优雅，这种鱼其实很有攻击性，对同群体内的弱者会进行攻击，对个体小的其他种群也会攻击。

属杂食性鱼类，可以接受多种食物，最爱吃水生活饵料，如枝角类等；也吃人工干饲料，甚至吃活的小鱼苗，性情好斗，爱追逐比其体形小的鱼。要想让其顺利繁殖，必须在繁殖前投喂枝角类或小鱼苗等活饵达1月以上。

· 形态特征

鱼体呈椭圆形，侧扁；尾鳍浅叉状，腹鳍胸位，呈长丝状，故又名丝足鲈。体色为蓝灰色，体侧有两块不规则的深蓝色斑块，在通常情况下两块斑块连成一条深蓝色的斑纹。腹部边缘略带浅黄色；背部、腹鳍和尾鳍的浅蓝灰底色上均匀分布着艳蓝色斑点。蓝曼龙在未达到性成熟之前雌雄特征不明显，性别不易区分。

25

马达加斯加彩虹 ＞

马达加斯加彩虹,又名马达加斯加虹鱼、石美人。原产于马达加斯加。在光线照射下,体色常多变,表现为橙红色、淡紫色、淡黄色、银白色等。

体长6~8cm,卵圆形侧扁,背鳍分为前后两个,背鳍、臀鳍上下对称,鳍条低矮等宽似带状。全身青绿色,随光线环境出现粉红色、淡黄色、浅紫色、银白色的色彩变化,非常美丽,背鳍、臀鳍、尾鳍有黑色边缘。饲养水温22~26℃,水质弱碱性硬水,饵料以鱼虫为主。繁殖水温27~28℃,属水草卵石生鱼类。

珍珠马甲 〉

珍珠马甲银褐色的身体，乃至鳍边均布满了珍珠状的斑点，显得格外雍容华贵，这也是它名字的由来。它的嘴部一直到尾柄的基部，沿着身体两侧的侧线各有一条由黑色圆斑组成的条纹。珍珠马甲的腹鳍已经演化成为一对细细长长、金黄色的丝状触须，在平时可以前后左右地摆动，犹如盲者探路的竹杖，异常敏锐。

珍珠鱼可视为大型观赏鱼。长10厘米，全身呈纺锤形。银灰、红色的底色。上深下浅背鳍小而肛鳍异常发达、仿佛穿着曳地长裙。全身布满银色珠点。风度翩翩，加之两条长长的触须，极为美观。

该鱼原先生活在水草丰茂的水域，其适温范围在20~30℃，最适宜生长水温24~28℃，pH值6.5~8.5，硬度3~20° dGH。它的性情温和，尤其是雌鱼；雄鱼在交配后有攻击雌鱼的倾向，而在平时雄鱼之间鲜有争斗。该鱼不能与性情凶猛的鱼类混养，否则会因受惊吓而致体色黯淡无光，甚至不吃食；其成鱼也不能与体形纤小的脂鲤科鱼类（如红绿灯等）混养，它也会追逐吞食这些小鱼。

27

海洋蓝精灵 〉

　　海洋蓝精灵是对一种罕见的海洋蓝色鱼类——麒麟鱼的别称，麒麟鱼也被称为"满洲鱼"或"鳜鱼"。麒麟鱼体表有橙色、黄色和蓝色三种颜色。如此亮丽的色彩，与呈褐色的淡水肉食鱼类有十分明显的不同。

• 外形特征

　　麒麟鱼体内拥有蓝色素，动物界有此色素的仅知的只有两种。除了五彩缤纷的颜色这一令人吃惊的特征外，麒麟鱼还有一张吸引人眼球的王牌，那就是拥有观赏鱼"绿青蛙"近亲这一身份。当然了，世界上呈蓝色的鱼类还有很多，但它们的颜色来自于成堆的扁平细薄反射晶体形成的波型，而不是像麒麟鱼那样来自一种细胞色素。

• 分布范围

　　麒麟鱼生活在位于日本南部的中国东海地区与澳大利亚北部之间的太平洋，栖身于受保护的礁湖和沿岸珊瑚礁，是名副其实的珊瑚礁居民。

· 生活习性

　　尽管麒麟鱼拥有异常华美的外表，但白天的时候，却是一群生性非常害羞的动物。绝大多数时间在珊瑚礁中进进出出觅食成长。游动时，它们的鳍快速摆动，就像是一只正在盘旋的蜂鸟。它们的个头很小，身长最多也不过4英寸(约合10厘米)，同时又喜欢在底部觅食，因此，难被发现。这种难觅踪影让很多潜水者拍摄完美照片的梦想最终化为泡影。

　　觅食中的麒麟鱼非常挑剔，它们动作缓慢并且小心谨慎，白天的时候主要以小型甲壳类、无脊椎动物以及鱼卵为食。它们与鸟类相似，在享用前会对面前的食物进行一番研究。它们的眼睛很大并且向外突出，能够成为捕猎时的完美利器。由于绝大多数猎物都藏身于阴暗的地方，拥有一双目光敏锐的眼睛对麒麟鱼意味着什么不言而喻。

爱琴鱼 >

　　爱琴鱼,原产于西非洲,体形似竖琴琴尾,长6~7厘米。尾鳍稍长宽不分叉,上下叶端不延长。体色基调为淡绿、黄色,常随环境发生变色,背、臀鳍上有黑色带。尾鳍花纹色彩十分美丽。雄鱼的尾鳍,臀鳍具橙色带。雌鱼的旗型,色彩不如雄鱼。在发情期,雄鱼更美丽。

• 外形特征

头、背部及尾柄较平直，延长似梭，眼上位。背鳍、臀鳍相似（颜色不同），对称如八字形，后位。尾柄宽长。尾鳍稍长宽不分叉，上下叶端不延长。体色基调为淡绿色及黄色，常随环境发生变色，背、臀鳍上有黑色带。尾鳍花纹色彩十分艳丽。成鱼体长6~7厘米。雌雄鉴别：雄鱼的体色、鳍形比雌鱼鲜艳美丽。

• 生活习性

爱琴鱼喜弱酸性水质和较高水温，最适宜温度为24~28℃；饵料主要为红虫、丰年虫等活饵料，生命力比较强，体健壮，易饲养。

31

● 它们以形状怪异称奇

玻璃拉拉鱼 ＞

　　玻璃拉拉鱼晶莹剔透，小巧玲珑，鱼体玻璃样透明，骨骼、内脏和鳔清晰可见，是热带鱼中独具特色的品种。身长3~4厘米，身体侧扁，成椭圆形，眼大。觅食量与活动量较小，受外界气候、饲养条件变化的干扰少，致使抗病能力较差，患病率较高。

• 外形特征

全身透明如水晶，能清晰地看到内脏、骨骼和血脉，故又戏称其为 X 光鱼。背鳍分离成 2 个，前鳍三角形，后背鳍一直延伸到尾柄末。臀鳍鳍基长而宽大，尾鳍呈叉形。雄鱼淡金黄色，背臀鳍有青蓝色边，在水中颜色很不起眼，体色呈浅黄色，各鳍均透明，臀鳍和背鳍边缘有蓝色镶边；雌鱼的色泽更暗淡，近似银白色，通身发出金属光泽，各鳍透明，臀鳍和背鳍没有蓝色镶边。刚孵出的仔鱼极小，体色透明，需要仔细观察才能看到。

纯种的玻璃拉拉鱼，全身应该是透明的，可以看到鱼刺，只有脊背上是五颜六色的。在阳光照射下，鱼体完全透明，就连内脏的轮廓也都看得清清楚楚。在观赏鱼市场见到的玻璃拉拉鱼，有桃红色、粉红色、天蓝色、嫩绿色和金黄色，等等，五彩缤纷。这是有人采用激光将颜色打到鱼体上，因而产生了许多不同颜色的玻璃拉拉鱼，在灯光照射下，其色彩异样悦目。但这种着色并不持久，也影响到它的寿命。

• 生活习性

玻璃拉拉鱼的适应性较强，无论在软水或硬水中都能生活得很好，性情温和，可与其他热带鱼混养。最适宜的水温为23~25℃，比较耐寒，甚至能忍受8℃的超低水温。对水质没有苛求，饲水要求清澈透明。可以养在水草缸里，用陈旧的老水。

该鱼喜群居，常在水族箱的中下层活动，躲在草丛中嬉戏，并乐于在水域上层觅食活动，若在水中添加少量食盐，对它生长更为有利。玻璃拉拉鱼喜爱光照，每天应有不低于 10 小时的光照才行。

• 繁殖发育

　　该鱼为草上卵生鱼类，5月龄性腺发育成熟。性别区分除颜色外，雌体体形圆而短，而雄体腹部中间有一银色圆斑。玻璃拉拉鱼是"领地"观念很强的鱼种，繁殖前，雄鱼之间会发生争夺领地的争斗，但这种厮打不会造成伤亡，只要性别比例得当，繁殖缸较大，让各有各的地盘和伙伴，问题就解决了，2~3天内就会平静下来。

　　该鱼性成熟年龄为6~8个月。幼鱼期的雌雄极难鉴别。成年后的雄鱼淡黄色，较雌鱼体色略深，腹部中间似有银色圆块；雌鱼体较雄鱼大。繁殖力很强，产卵量很

高。人工繁殖也较容易，由于此种鱼喜在水草中追逐，所以取一些水草，捆成束置于水底，再放些漂浮性水草，用以附卵。水温在26~27℃，pH7~7.5，每箱可放一对或数对亲鱼。每尾雌鱼产卵100~150余粒，其卵非常小。产卵时间较长，产卵过程2~4天不等。受精卵经24小时孵出仔鱼。

　　如果亲鱼性腺发育正常，一般第三天在繁殖缸中就可见到密密麻麻的仔鱼，聚浮在近水面或伏在水草中。这时将亲鱼捞出，48小时后仔鱼开始吃食。玻璃拉拉鱼孵出的幼鱼极小，仅0.5毫米大，只能看见眼睛一个黑点，周身透明。鱼小嘴更小，开口饵料也应是很小的，一般可用200网目的网具，将蛋黄水蚤过滤筛选后，用吸管滴入仔鱼缸中。仔鱼不爱游动，饵料应滴到仔鱼附近才能被吃到。此外，仔鱼生长极为缓慢，如果蛋黄水蚤没被吃光，2~3天内蛋黄水蚤的生长速度比仔鱼还快，且个体增大，使仔鱼无法进食。所以，对仔鱼的护理非常重要。仔鱼的开口饵料用蛋黄水蚤的小个体投喂，时间约为7~10天，然后投喂普通的蛋黄水蚤，约2~3周后才能投喂小型鱼虫。整个哺幼期灯光要通宵照明，并保持水质清新。这样10天才能度过幼鱼成活关。

狐狸鱼 >

狐狸鱼是对蓝子鱼科（臭肚鱼科）鱼的俗称。篮子鱼俗称象耳、臭肚鱼、猫花、秋畏（厦门）、娘哀（东山）、刺排（平潭）等。因为，从外观上看，该科鱼体呈长卵圆形，极侧扁，头小，吻略尖突，或突出而呈管状。口小，不能伸缩。眼睛大而黑，体色多样，酷似狐狸而得名。虽然该科鱼有"狐狸"的外表，却没有"狐狸"的狡诈和凶暴，脾气温驯，但是背鳍和臀鳍上的刺骨尖锐有毒，当遇到危险时，它就会竖起带毒的背刺，使敌人敬而远之。

• 外形特征

　　狐狸鱼体长15~20cm，椭圆形。这种鱼体形外观扁平呈椭圆形。头部三角形，嘴尖前突，嘴部细长口小，眼睛靠近头顶。体色金黄，背部中央有一棕色圆斑，头部银白色，两眼间有一条棕色环带，胸部和胸鳍基部棕色，背鳍和臀鳍上的刺骨尖锐有毒。脸面花纹图案酷似狐狸头面而得名。饲养水温27~28℃，海水比重1.022~1.023，海水 pH 值8.0~8.5；食物以藻类食物为主，饵料有冰冻鱼虾肉、水蚯蚓、藻类、切碎烫熟的菜叶、海水鱼颗粒饲料等。

• 分布地区

　　狐狸鱼属暖水性近岸小型至中大型鱼类，主要分布于印度洋－太平洋热带及亚热带海域及地中海东部。幼鱼大都成群栖息于枝状珊瑚丛中，以死珊瑚枝上的藻类为食，有的则待在混浊的红树林区或河口区成长。成鱼则成群洄游于珊瑚礁区，有的则生活于混浊的河口或港口区。日行性鱼类，以藻类为食（草食性）。它们没有什么天敌，也从不攻击其他类的鱼，可以和所有其他鱼种搭配饲养，但对同类的其他狐狸鱼并不友好。在人工环境下，可放入珊瑚缸养殖，而不会对珊瑚产生威胁，但数量不要多，以1~2尾为宜。应注意的是，如果饲喂不好，它会吃掉珊瑚缸内一些软、硬珊瑚虫。在水族箱内，可喂以海藻类如海菜、海带等天然海洋藻类植物，也可喂冷冻的蔬菜以及专门的人工合成饲料等。由于它们属于较大体形鱼类，故容量大的水族箱是最好的选择。

37

• 印度狐狸鱼

　　眼睛的条纹深褐色到黑色的；一个宽的白色弧从峡部与第二个基底的胸延续到第 4 个背棘；在白色的条纹，身体褐色或灰色后面背面，腹面略白。棘矮胖的，不是很尖锐而有毒。前鳃盖骨角 120 个强的部分重叠的鳞片在眼窝的中心之下深地覆盖颊，8 或 9 列；胸的中线完全覆盖着鳞片。栖息于珊瑚礁并且吃藻类与小型无脊椎动物。成鱼成对出现。体长可达 24 厘米。

• 线狐狸鱼

　　本种鱼体色为土黄色，头部有两条黑斜线，一条过眼径。结群在长有藻类的平坦礁区觅食，饲养容易，但慎防背棘有毒，喜食植物性饲料。最好单独饲养，如果想成对饲养或小群饲养，水族箱应大于 750升。可以与温和的鱼混养，也可与凶猛的鱼混养。喂食各种植物性饵料，包括各种海藻，如果饲喂良好，一般不会骚扰珊瑚。对无脊椎动物或贝类没有兴趣。

印度狐狸鱼

蓝带狐狸鱼

大眼狐狸鱼

• 蓝带狐狸鱼

　　本种鱼体色为淡黄色，头部有一黑带过眼径，还有一条蓝带，成对活动。此鱼属比较温和的鱼，但对其他狐狸鱼不友好。此种鱼可以和凶猛一些的鱼混养。当危险靠近时，会竖起带毒的背刺，使它的敌人敬而远之。如果喂食合适，可以放入珊瑚缸，而不会对珊瑚产生威胁。如果饲喂不好，会吃掉一些软珊瑚。喂食新鲜的蔬菜及藻类。有时也可能吃掉一些软、硬珊瑚。

• 大眼狐狸鱼

　　本种鱼体色为黄色，眼睛较大且黑是其特征，喜成双成对活动，杂食性偏喜植物性饵料。此鱼是很温和的狐狸品种，但和其他狐狸鱼不能和平相处。蓝点狐狸可以和凶猛一些的鱼混养，可以成对饲养。当受到威胁时，会竖起带毒的背鳍，使敌人不敢有进一步行动。捞鱼时要注意，不要被其毒背刺扎到。如果喂食合适，可以放入珊瑚缸，而不会对珊瑚产生威胁。如果饲喂不好，会吃掉一些软珊瑚。喂食新鲜的蔬菜及藻类。有时也可能吃掉一些软、硬珊瑚。

星狐狸鱼

• 星狐狸鱼

本种鱼体色为浅灰色上面布满浅蓝纹，体较侧扁，成群生活在内湾珊瑚礁区。体长可达 30 厘米。

双色狐狸鱼

• 双色狐狸鱼

颜色很特别，身体前 2/3 部分是暗褐色，身体后 1/3 部分是黄色。350 升以上水族箱饲养。如果喂食合适，可以放入珊瑚缸，而不会对珊瑚产生威胁。如果饲喂不好，会吃掉一些软珊瑚虫。食物包括新鲜的蔬菜及藻类。有时也可能吃掉一些软、硬珊瑚虫。体长可达 15 厘米。

40

• 两点狐狸鱼

两点狐狸鱼也叫大瓮篮子鱼。一般在西印度洋珊瑚礁地区成对游动。椭圆形身体，在黄背及尾巴上有许多美丽的蓝点。在眼睛及腮盖上各有一条黑色条纹。450升以上水族箱饲养。捞鱼时要注意，不要被其毒脊刺扎到。体长可达 35 厘米。

• 红鳍狐狸鱼

红鳍狐狸鱼也叫彩色狐狸、彩色兔子。头部是黑色，身体是一半白，一半是黑褐色，每个鳍都带有黄色和红色。这种鱼很容易饲养，很适应新建的海缸。350 升上以上水族箱饲养。食物包括新鲜的蔬菜及一些不受欢迎的藻类。有时也可能吃掉一些软、硬珊瑚。体长可达 18 厘米。

红鳍狐狸鱼

两点狐狸鱼

• 一点狐狸鱼

此鱼种与狐狸鱼颜色相似，但身体后上部有一个大的黑点。喂食新鲜的蔬菜及藻类。体长可达 19 厘米。

• 金点狐狸鱼

野外生活在珊瑚海珊瑚礁地区。身体是褐色，覆盖着许多美丽的金色斑点，眼眶也有斑点。喂食新鲜的蔬菜及藻类。体长可达 45 厘米。

潜水艇鱼

潜水艇鱼成鱼体长10~15cm。体形为长椭圆形，头部粗圆，尾柄侧扁。体表光滑无鳞。无腹鳍，只靠胸鳍和短小的背鳍和臀鳍游泳，因而泳速不快。体色会随情绪或健康状况改变深浅。

• 体态特征

腹部雪白，背部为金色，背上散布不规则黑色斑点，前额处有一块特别亮眼的金色。鱼鳍半透明，部分个体尾鳍为有规则的淡黑斑点或弧状黑纹路。当遇到危险时，会吞水到胃腹部的特殊空腔，使自己鼓胀成球，并露出短刺，让敌人无法一口吞食。会利用牙齿或咽齿的磨擦或是靠振动鱼鳔来发出声音。

• 特点

健康的小潜水艇鱼活动力高，食欲好，不挑食，好奇心强，表情丰富，与主人互动良好。设缸初期，同类会有互相攻击的行为以建立地位，后期则相处融洽。性格较温和，攻击性中等，个体需要空间大。喜欢跳缸，所以必须在鱼缸上加盖。

• 生存环境

　　想要养好任何一种鱼，在设缸之前，首先应当了解目标鱼种的天然栖息地的环境、水质、食物来源，并在鱼缸中尽可能地模拟这一生态环境。

　　潜水艇鱼是一种生活在热带汽水域的迷你河豚。

　　所谓"汽水域"是指河流入海口，也就是淡水鱼类和海水鱼类的分界处。每天因为河水的流入，海水的潮汐，汽水域中水的比重时刻处于变化之中。比重在1.002~1.018之间的水域都可称之为汽水域。一般的鱼类是经受不住这种比重（渗透压）的剧烈变化的，所以河流入海口的鱼类不多。

　　潜水艇鱼具有与生俱来的抗渗透压能力，这是一般鱼类所不及的。这种能力使得潜水艇鱼得以自由地在淡水、汽水、海水间穿梭，完全不受限制。但从饲养环境来说，还是必须模拟生长环境的汽水。如果用淡水或是海水长期饲养，潜水艇鱼会慢慢失去活力甚至快速死亡。

眼斑双锯鱼 ＞

鱼眼斑双锯鱼，背鳍硬棘被橘黄色斑块分割为5~6枚，第4枚最长，约为头长的2.1~2.9倍。胸鳍、臀鳍、背鳍、尾鳍被橘黄色斑块分割部分都具黑缘，黑缘之外还有一透明外缘。体侧3块白斑明显可见，形状不规则，约在鳃盖外缘，身体中段及尾柄部各有一块。此鱼主要供作一般水族饲养与观赏。为有效保护环境生态，维护天然资源并避免人为捕捉造成物种匮乏压力，因此也有人工繁殖个体供应市场。

• 地理分布

分布于印度洋－西太平洋区，从安达曼海至菲律宾，北达琉球群岛，南至澳大利亚西北部。

主要分布国家和地区：安达曼和尼科巴群岛、泰国、马来西亚、新加坡、日本南部、中国台湾、印尼、菲律宾、澳大利亚北部等海域。

• 生存习性

此鱼主要生活在珊瑚礁或潟湖，栖息深度可达约15米，常和海葵共生，喜欢共生的海葵有Stoichactis kenti 等，体表黏液可保护自己不被海葵伤害。群聚生活，雌、雄鱼均具有护巢护卵的行为，护卫组通常由一只体形最大的雌鱼带领一只体形第二大且具生殖能力的雄鱼，以及其他成员包括无生殖能力的中成鱼和一群幼鱼。当失去最大雌鱼时，则依雄鱼变性为雌鱼顺序最前者递补。以藻类、鱼卵和浮游生物为食。

• 形态特征

体呈椭圆形而侧扁，标准体长为体高的1.8~2.2倍。吻短而钝。眼中大，上侧位。口小，上颌骨末端不及眼前缘；齿单列，圆锥状。眶下骨及眶前骨具放射性锯齿；各鳃盖骨后缘皆具锯齿。体被细鳞；侧线具有孔鳞片34~48枚。背鳍单一，软条部不延长而略呈圆形，背鳍硬棘10~11枚，背鳍软条13~17枚；臀鳍硬棘2枚，臀鳍软条11~13；胸鳍鳍条15~18枚；雄、雌鱼尾鳍皆呈圆形。体一致呈橘红色，体侧具3条白色宽带，分别为眼后白带呈半圆弧形；背鳍下方的白带呈三角形；尾柄上为垂直白带，幼鱼没此带。各鳍具黑色缘。

47

花罗汉 >

花罗汉，一种由马来西亚养殖者改良而来的观赏鱼类品种。花罗汉其实是由台湾发展出来的罗汉鹦鹉交配墨西哥的杂交七彩蓝火口改良而成。其头形如罗汉突出，所以获得"花罗汉"封号。花罗汉体形硕大，不同品种体形略有差异。其最大体长可达42厘米，高18厘米，厚可达10厘米。一般体形在30余厘米，可谓庞然大物。尤其其头上的巨大额头，宛如寿星，十分独特。

• 生活习性

对水质要求不严，水质 pH 值 6.5~7.2 的软水是最合适的，可以使鱼发色充分，提高鱼的品质。水温 26~28℃。性情凶猛，同种间格斗剧烈，对不同种的鱼有极强的攻击性，不宜混养。

饲料方面，汉堡、小鱼、虾、面包虫、蚯蚓都行，不挑食。食量巨大，每天喂 3~4 次，每次喂七八成饱即可。

• 古典美人

此鱼全身透红，活脱脱是一只沐浴火中的神鸟，故有此名。古典美人身上梅花罗汉花记号，是所有新鱼种中最特出者，尾部至鳍部除了呈连密一字线，还会扩展至头瘤外，以此作为转弯点，分 5 朵漂散印在鱼背上。背鳍弯有形，尾部半圆状，身上有闪亮的小星点分布争艳。

• 蓝月星

　　每一个日落的晚上，是此鱼最闪亮的时刻，它带着一身虚渺的蓝色外色，尽显掠食者晚间的仪态。此品种鱼除了散落不奇特记梅花斑外，眼圈那火红色堪称与红宝石争亮。蓝月星以一身蓝彩得以成为所有带红品种中既特殊且养眼的观赏鱼。一般均以头有肉瘤为正品。

• 五光十色

　　此鱼看似普通，可是身披满体的闪亮蓝点，活脱脱是水底猎豹，无巧不成书，它的确是所有种类中泳速最快者，配上金睛火眼，成为披着皇衣的太子。星花满布梅花朵朵条理分明地呈一线排列示众，特点是背鳍，面线额与肉瘤均布有小星点，除了面部以外。

• 心花怒放

　　这鱼是整个花罗汉组合中拥有最丰富体色鱼种。典型的红眼，金黄色的面部。鱼体则腹部有红也有蓝，鱼鳞星光熠熠。全体共有 8 粒花标志。当第一次接触它时，绝少不了心花怒放的感觉。

• 七间虎皇

　　这鱼底色暗红，似乎一无是处。可是细心观赏，将会发觉其面部金黄一片，身上也有满布的大蓝星点。养在缸中在晚间时，就像水世界与宇宙融为一体了，闪闪生光。配合身

上 9 条纵带，有意想不到的层层惊喜。

• 红美人

　　它也可称呼为美人红，是所有花罗汉中红得最美者，简单的两双梅花斑，身上蓝点分布有理，配合尾端弯月蓝，便令人有心平气和的安宁感觉，它是花罗汉中最热情者，当饲养三天后，您会发觉辛苦工作一天归来后，它正不断上下游动，热情地欢迎您。

• 七星伴月

　　属于晚间的美人，身上披着若隐若现的纵带，分有 7 粒大小平均的梅花。生性较花罗汉羞怯，底色带点花蓝。鳍盖到泳鳞有片红彩。因为整体色彩平均分布，具有很大的收藏价值。

• 五月花

　　此鱼与其他花罗汉所显现的体色比较，有很大的玩味感。所有花罗汉都体色明艳照人，唯独此鱼是例外，体色的表现不愠不火，点到即止，红黄俱浅。梅花标志共 6 粒，分布距离很宽阔，也整齐地排列。所有色彩像披一层粉彩，故又称粉鱼。

黑灯鱼 〉

黑灯鱼又名黑莲灯鱼、黑霓虹灯鱼、双线电灯鱼。黑灯鱼身体娇小玲珑,只有4~5厘米长,其主要特点是从头到尾部有金黄和黑色条纹各1条,眼睛的虹膜能反射出红色及黑色的光泽。其胸、腹鳍无色透明或略呈黄色,背鳍黄中泛红,臀鳍和尾鳍尖端呈淡黄色。这种鱼若配以适当灯光照明,会发出各种神秘的光泽,给人以淡雅宁静之感。

• 生活习性

黑灯鱼性情温和而胆小,容易受惊,可以与其他要求相同的小型热带鱼混养。它喜欢弱酸性软水,适宜水温24~26℃,在18℃以上的水中也能正常生活。缸水应用清澈的老水,不宜多换水,每次换水量1/4以保持水质稳定,饲水要过滤。饲养密度不应过大。黑灯鱼为中层鱼,喜欢在鱼缸中层水域游动,以细小活饵为食。鱼缸中应多植阔叶水草以便其藏身、休息。

• 产地分布

黑灯鱼的学名为异纹魮脂鲤,隶属于脂鲤科,原分布于南美洲巴西亚马孙河下游沿岸热带原始森林间的水域中。

• 形态特征

黑灯鱼体稍侧扁,与同属的其他种相比,体较短,全长仅3~4cm。头较大,略尖。口裂弧形,吻圆。眼大,位于头侧。背鳍位于身体背部中央,略呈高耸向身后倾斜的三角形,共有9~10根鳍条,其起点与吻端的距离小于至尾基的距离;尾柄上还有一个无鳍条的小脂鳍。胸鳍较小呈长圆形,有10~12根鳍条,起点前部稍隆起,其起点至吻端的距离小于至尾基的距离。臀鳍很长,起点位

于背鳍末端下方，臀鳍前端与背鳍上下对应，向后延长直至尾柄末梢，由 23~24 根鳍条组成。腹鳍位于腹部，接近臀鳍，由 8 根鳍条组成。侧线鳞 37 片。尾鳍呈叉形。身体的基色为浅黄褐色，背部呈红褐色且发亮，腹部为橄榄绿色，至边缘则呈银白色。体侧中部有红、黄、黑三条纵带。各鳍 (背、胸、腹、臀、尾鳍) 均呈无色透明状或浅黄色。眼上半部有红色斑块，下半部为白色，在光线照射下，随着鱼的不停游动发出灿烂耀眼的光辉，犹如一盏小彩灯。

头尾灯鱼 ＞

头尾灯鱼又名灯笼鱼、提灯鱼、车灯鱼等头尾灯鱼。分布于南美洲的圭亚那和亚马逊河流域。

• 形态特征

体长4~5厘米。体长而侧扁，头短，腹圆。两眼上部和尾部各有一块金黄色斑，在灯光照射下，反射出金黄色和红色的色彩。鱼在游动的过程中，由于光线的关系，头部和尾部的色斑亮点时隐时现，宛若密林深处的萤火虫，闪闪发光。

• 生活习性

性情温和，身体娇小，喜群聚游动，可与其他品种鱼混养。饲养水温22~26℃，对水质要求不严。饵料以小型活食为主。喜在水族箱中层活动、觅食。在漆黑的海洋深处，时常出现游动的点点"灯火"，给宁静的海底世界带来了生命的气息。在发出灯火的许多鱼类中，灯笼鱼就是其中的一种。灯笼鱼头大尾细，身体长而侧扁，体表被有银灰色的薄鳞。在头部的前边，眼的附近，身体侧线下方和尾柄上，有排列成行或成群的圆形发光器。不同种类的灯笼鱼，它的发光器的数目及排列位置也不同。发光器发出红、蓝、紫等各种颜色，远远望去，荧光闪闪，五彩缤纷，犹如节日辉煌的彩灯。有的灯笼鱼的尾部有一个发光的追逐器，很像汽车的尾灯，有的头部还有一个特大的发光球，很像我国古代的灯笼。

灯笼鱼的发光器是由一群皮肤腺细胞特化而成为发光细胞的。这种细胞能分泌出一种含有磷的腺液，它在腺细胞内可以被血液中的氧气所氧化，而氧化反应中放出的一种荧光，就是灯笼鱼发出的光。全世界约有灯笼鱼上百种，它们一般生活在深海。它的发光是对黑暗深海环境的一种生存适应。在黑暗的深海里，它们发出的光可用来诱捕食饵，迷惑敌人，引诱异性，以利于集群生活。性情温和，身体娇小，喜群聚游动，可与其他品种鱼混养。饲养水温22~26℃，对水质要求不严。饵料以小型活食为主。喜在水族箱中层活动、觅食。

电光美人 〉

电光美人鱼体周边镶着红边，在光线照射下犹如一个泛着红光的蓝色幽灵，非常美丽。鱼市上将澳大利亚彩虹鱼叫"美人"，所以叫电光美人。

• 体形特征

电光美人呈纺锤形。背鳍分为前后两个，背鳍、臀鳍上下对称，鳍条低矮等宽似带状。体色淡黄绿色，体侧有数条点状粉红色纵线。鳃盖上有一个红色圆斑，背鳍、臀鳍鲜红色，尾鳍淡红色。鱼体周边镶着红边，在光线照射下犹如一个泛着红光的蓝色幽灵，非常美丽。

线翎电鳗 >

线翎电鳗又名"魔鬼刀"。全身漆黑如墨，体形侧扁，背部光滑呈弧线形，腹鳍和臀鳍相连，呈波浪状直达尾部，似一条黑色花边勾勒出鱼的曲线图。头尖，尾鳍延长似棒状，尾鳍有两个白色环。靠体内的弱电流来感觉水流、障碍物和食物等，造型奇特。

线翎电鳗虽然又名"魔鬼刀"，但属光背电鳗科，与我们平时说的"刀鱼"，也就是七星刀等弓背鱼科的鱼是不同科属。"魔鬼"这个名字更多的只是表示了它的神秘特性。黑魔鬼原产地是南美洲的巴西，性格温和，但有攻击性，喜欢夜行性生活，大多数时候，它们躲藏在密植的水草丛中，岩石、沉木的缝隙的幽暗环境里。黑魔鬼的身体呈刀形，全身漆黑如墨，幼鱼时期在尾鳍上有两块白色斑点，但会随着生长而退化消失。同种的另一咖啡色的品种，称为"咖啡魔鬼"。它体形侧扁，背部光滑呈弧线形，没有背鳍。臀鳍宽大而发达，与腹鳍相连，呈波浪状直达尾部。尾鳍则成棒状。游姿灵巧、美妙。

线翎电鳗外形是令人不愉快的黑色，尾柄突出如棒状，身体呈刀形，侧扁，没有背鳍，臀鳍宽大而发达，幼鱼尾鳍上有白色圆环，但会随成长而退化消失。黑魔鬼的游泳方式是依靠长长的尾鳍的波浪状摆动而前进后退，有时是直立而游，有时会横卧而睡。眼睛已退化，几乎看不见东西，只能感觉到明暗，但是身体会发出类似雷达功能的微弱电流，并依靠它来"看清"周围环境。它们体格极其强健，很少会感染得病。黑魔鬼喜欢摄食动物性的活饵，饵料有水蚯蚓、红虫等，却也十分容易接受各种人工饵料。它有着一个凶悍的名字，却习性温和，可以和绝大多数的热带鱼混合饲养，但成鱼会吃小鱼，须特别注意。

反游猫 ＞

反游猫是一种非常奇怪的热带观赏鱼类，它的色彩和体形都不是很美丽，但吸引人的是它游动的姿态——当它们明目张胆地肚子朝天敏捷地游动的时候，只要是看到的人都会发出一声惊奇的感慨，这也是反游猫吸引了众多水族爱好者饲养它们的原因。

反游猫鱼属于热带鲶科的Synodontis属，因产地不同，其品种、体色、体形、大小差别较大。目前按其生存环境大致划分为"河川型反游猫鱼"和"湖泊型反游猫鱼"两类。

河川型反游猫鱼主要分布于西非奈及利亚湖、尼日湖和萨伊水系。常见的品种有"满天星反游猫"和"黑翅反游猫"等。本型品种适应能力极强，对水质要求较小，可在弱碱性至弱酸性水域中良好生存、生长和繁殖。

湖泊型反游猫鱼主要分布于西非坦噶尼喀湖、马拉威湖、维多利亚湖。常见的品种有"花点反游猫"和"维多利亚反游猫"等。本型品种对水环境要求较高，要求水质碱性且硬度较大，否则难以生存。

无论河川型反游猫鱼或湖泊型反游猫鱼，它们食性差别不大，均为杂食性鱼类，可食藻类、水草、小鱼虾、昆虫及新鲜活饵料，亦食人工专用饲料。

反游猫鱼有打斗习性，因此，在饲养环境中，应多设置岩石、树根或沉木等必要隐蔽场所。反游猫鱼易患白点病，平时应加强水质管理，防止水质突变或恶化。

所以定名为反游猫鱼，大概是因为它有别于其他鱼类，反其道而行之，特擅长仰泳，且游速快，姿态怪异，故而一直备受水族爱好者的青睐。

● 它们因稀少名贵闻名

金龙鱼 〉

　　金龙鱼是现今硕果仅存的少数古生鱼类之一。远在2.9亿年之前的石炭纪，龙鱼便已经开始存在了。后来，地球地壳的移动逐渐地把它们分布到世界各大陆去，如今主要分布于大洋洲、南美洲和亚洲等地。有不同形态的几个品系，名贵的有过背金龙鱼和红龙鱼。过背金龙鱼原产于马来西亚，红龙鱼主要出产于印度尼西亚。此外还有出产于澳大利亚的星点龙（珍珠龙）和出产于南美亚马孙河的银龙和黑龙等。金龙鱼是海洋鱼类，俗称红瓜，即大黄鱼，石首鱼科，黄鱼属。是中国四大海产之一。

• 外形特征

龙鱼，一种很古老的鱼，原产地称之为 Arowana，是西班牙语"长舌"的意思。其学名"scleropages"是舌头骨咽状的意思。按分类学上龙鱼属于骨舌鱼科（又叫骨咽鱼科）。在我国大陆称为"龙鱼"，香港称之为"龙吐珠"（可能是由于幼龙的卵黄囊像龙珠的缘故），台湾称之为"银带"，而日本人称之为"银船大刀"。

过背金龙那雄俊优美的体态、宽大的鳞片、泛蓝的底色、灿烂的金框显示金甲武士凛然不可侵犯的英风。其鳃盖上的一抹纯金，透出华丽富贵气象。

完美的金龙鱼要保持一对龙须笔直整齐（虽然损坏可以再生，但难保长得如意），色泽与体色一致；起画龙点睛作用的龙眼要闪亮有神；各鳍要直，伸展自如，完美的体形才能充分展示其威仪。

这一科龙鱼的主要特征是它的鳔为网眼状，常有鳃上器官。龙鱼全身闪烁着青色的光芒，圆大的鳞片受光线照射后发出粉红色的光辉，各鳍也呈现出各种色彩。不同的龙鱼有其不同的色彩。例如，东南亚的红龙幼鱼，鳞片红小，白色微红，成体时鳃盖边缘和鳃舌呈深红色，鳞片闪闪生辉。该鱼的鳞片、吻部、鳃盖、鳍与尾均呈不同程度的红色。细分有橘红、粉红、深红、血红色之区别。黄金龙、白金龙和青龙的鳞片边缘分别呈金黄色、白金色和青色，其中有紫红色斑块者最为名贵。过背金龙则顾名思义其金色鳞片可长过背部覆盖全身。黑龙鱼和银龙鱼的成鱼外观比较难分辨，银龙有巨大的鳞片，鳞片呈粉红色的半圆形状，鱼体色有金古 蓝色、蓝色、青色，闪闪发光；黑龙体形和银龙差不多，成鱼稍呈银色，但稍大型时，会趋向黑色带紫色和青色，有金色带。黑龙鳞

片色泽稍黑一点，不同的是在幼鱼时期，身上略带黑色，有一条黄色线条从中穿过，成鱼后黑色逐渐消退，鳞片渐呈银色，各鳍灰变成深蓝色，形状和银龙几乎一样成鱼后整条鱼外观为银色，但体形长大时会趋向黑色带和青色，有金带。该鱼在幼鱼期有明显的黑色体纹，胸鳍下挂着卵黄囊所以在香港被称为黑龙吐珠。红龙幼鱼和成鱼稍有不同，幼鱼鳞片细小，呈白色微红，但成鱼不同，其鳃盖边缘有深浓红色，鱼的舌头也出现红色，鳞片闪闪生辉；黄金龙鳞片边缘色泽闪光呈黄金色；白金龙鳞片像白金色；青龙的鳞片青色，有部分呈紫色斑块的最名贵，体形比其他种类的龙鱼短，侧线特别显露，鳞和鳞片较厚，

可用人工繁殖法进行繁殖。澳大利亚及新几内亚系统的龙鱼有两种：星点斑纹龙鱼和星点龙鱼。它们体形较小，口部尖，体色为黄金色中带银色，鳞片是半月形状，鳃盖有少许金边。青龙在新加坡又叫绿龙鱼 (Green Arowana)，头较圆。嘴部较不尖锐。成熟后的青龙，鳃盖为银亮色，体侧鳞片为透明中带青蓝色泽的斑点，鳞框并不明显且带点淡淡的粉红色，身体后面三鳍为褐中带灰蓝色。第四及第五行鳞片散发优雅淡蓝色光芒。最佳品质青龙于鳞片中心具有淡紫色调。

● *起源历史*

　　翻开龙鱼的起源历史，它比我们意识形态的龙的概念早多了。早在 3.45 亿年以前，这批奴属骨舌鱼亚科的骨舌鱼家庭，便已经活跃于冈瓦纳古大陆水域之中。之后，随地球上地壳运动发生，冈瓦纳古大陆被撕成数大块，形成了今日的美洲、非洲、大洋洲等"新大陆"，而骨舌鱼家庭自然也就随之四散东西了。龙鱼之所以被冠上古代活化石一词，并不完全是因为出现年代的关系，事实上它已经属于最进化的真骨下网鱼之内了，大多数软骨鱼类在分类上较其更为原始，而它之所以古老的原因，是在其身上保存有许多原始鱼类才具有的解剖学特征，其中最明显的就是口部的构造了。该鱼的发现始于 1829 年，在南美亚马孙流域，当时是由美国鱼类学家温带理博士定名的。1933 年法国鱼类学家卑鲁告蓝博士在越南西贡发现红色龙鱼。1966 年，法国鱼类学家布蓝和多巴顿在金边又发现了龙鱼的另外一个品种。

之后又有一些国家的专家学者相继在越南、马来西亚半岛、印尼的苏门答腊、班加岛、比婆罗洲和泰国发现了另外一些龙鱼品种，于是就把龙鱼分成金龙鱼、橙红龙鱼、黄金龙鱼、白金龙鱼、青龙鱼和银龙鱼、黑龙鱼等。真正作为观赏鱼引入水族箱是始于20世纪50年代后期的美国，直至80年代才逐渐在世界各地风行起来。由于其嘴上的两条胡须，加上闪光发亮的大鳞片及其古老的身世，使人们自然而然地将它与神秘的龙联系起来，称其为"龙鱼"。在东南亚及我国港澳台地区和国外华人集中的地方，龙鱼被视为神鱼，认为可以旺家镇宅避邪，当作风水鱼来养，尤其是红龙鱼，由于濒临绝种，1980年被列入华盛顿野生动物保护条约甲级保护动物后身价倍增。在港澳台，一条红龙鱼的价格有的逾百万元，被视作家财和身份地位的象征。

红龙鱼 〉

红龙鱼是淡水观赏鱼中价格最昂贵的品种，体形与金龙鱼、红尾金龙相似，细分有橘红、粉红、深红和血红4种，其中以血红色最为漂亮名贵，且数量极少。由于中华龙文化的影响，龙鱼成为吉祥化身，有招运进宝之意，故被雅称为风水鱼。

红龙鱼，体长可达80~90厘米。红龙鱼生活范围很小，主要生长在印尼的苏门答腊和加里曼丹一带的河流。红龙鱼原无法人工繁殖，已经濒临灭种，因而被列为华盛顿公约甲级保护动物，极其珍贵。

红龙鱼属古代鱼类，骨舌鱼科，繁殖能力弱，雌鱼产卵，雄鱼含在口里孵化和养育，非常奇特。

• 红龙鱼分类

红龙鱼由高到低分为福龙龙王、福龙、朱血红龙、超血红龙、紫底血龙、血红龙、红纹蓝底辣椒、辣椒红龙、橙红龙、号半红龙，有等级之分，等级越高，价钱越贵，以福龙龙王为极品。体形与金龙、红尾金龙（宝石）不同。该鱼的鳞框、吻部、鳃盖、鳍与尾均呈不同程度的红色。细分有橘红、粉红、深红、血红、朱砂色之区别。鳃盖有明显的红斑。

• 性别判断

在人工繁殖过程中，之所以能如此得心应手的原因，来自对龙鱼性别辨识的功力。在业者的眼中，雄性龙鱼口腔似乎较大，可能为日后育苗做准备。另外，胸鳍呈深红色，且鱼体本身便略瘦长于母鱼，这一点，由鱼池上方观察便可轻易地发觉。另外，雌性龙鱼身材总较公鱼肥短，而且腹部较易有膨胀之感，胸鳍与头部色泽，不如公鱼来得深。

67

• 种群现状

红龙鱼可以人工繁殖，许多人都认为只是空穴来风。直到日本自 1995 年度从新加坡、马来西亚源源不断地输入优良的红龙个体，大家才恍然大悟。原本在 1950 年以前，亚洲龙鱼广泛地分布在东南亚各地：如印尼、越南、泰国、马来西亚各地均有其踪迹，而且也是当地居民极重要之天然食物。生长于洁净河水之中的龙鱼，其体色的变化，如橙红、青蓝、金红、白金等色泽差异，其实来自于产地的不同，造成地方性的品种差异。从龙鱼的分布地看来，皆处于赤道周围地区，雨量与年平均温度值，皆属典型热带、亚热带气候。所以 20℃以上的纯净水质，便成为龙鱼生态上不可或缺的条件。野生红龙所栖息的水域，其 pH 值皆在 6.4~6.8 之间，硬度略低于 8，在原生地水质中，含有较一般软水稍多之重碳酸及少量钙质，故水色也较为混浊，这与传统上大家对于热带雨林水质的印象大有所不同。加上在东南亚地区的龙鱼产地，河川底床均以泥质土为主，因此水草生长亦极为茂密，为天然野生龙鱼提供了极佳的躲避场所，在这其中，睡芝慈菇草，乃至于萍蓬草皆是最好的天然障避，在这些巨大的水生植物之下，既可以防止鹰族猎杀，对于蛙类、虾、小鱼等活饵捕食来源则更是轻而易举。就已经成功输出红龙子代的国家新加坡、印尼、马来西亚三国而言，定期定量生产出小红龙，已经不是一件十分困难的工程。

苏眉鱼

　　苏眉鱼是世界上最大的珊瑚鱼类，成年后通体铁蓝色并长出突出的嘴唇。苏眉鱼主要产于东南亚、西太平洋及印度洋的珊瑚礁中，其身长可超过2米，体重可达190千克，寿命超过30岁。苏眉鱼分两种，一种是深海苏眉鱼，一种是养殖的淡水苏眉鱼。

69

• 特征简介

苏眉鱼学名波纹鱼，苏眉鱼属隆头鱼科，为珍贵海产鱼，因其生活在多岩礁石和珊瑚礁的海域中，其体色随着栖息环境呈艳丽色彩，故又称珊瑚鱼，主要分布在我国的南沙群岛和东南亚海域。

苏眉鱼为暖水性鱼类，栖息在杂藻丛生的岩礁和珊瑚海域，一般体长40厘米，体重1.5~2.5千克，较大型的苏眉鱼体长70~80厘米，体重可达10千克，其成长期较长，一般需要7~8年，生殖期是4~7月，产卵鱼可达8~12万粒。

苏眉鱼体上的斑纹特别明显，色彩艳丽，状如斑马，眼睛上有两道不规则的黑色条纹。

苏眉鱼既是一种高级观赏鱼类，也是一种高级食用鱼类，由于资源短缺，价格昂贵，适宜高档宴会选用，其肉质细腻，特别鲜嫩。5千克左右的活鱼最贵重，市场售价接近于老鼠斑。最宜清蒸。此菜用火腿、冬菇配制，别具特色。蛋白质的含量高，而脂肪含量低，除含人体代谢所必需的氨基酸外，还富含多种无机盐和铁、钙、磷以及各种维生素；鱼皮胶质的营养成分，对增强上皮组织的完整生长和促进胶原细胞的合成有重要作用，被称为美容护肤之鱼。尤其适合妇女产后食用。具有健脾、益气的药用价值。

苏眉鱼名称众多，英语称拿破仑濑鱼、隆头濑鱼或毛利濑鱼，汉语里则叫苏眉鱼或波纹唇鱼，"苏眉"源于这种鱼眼睛后方两道状如眉毛的条纹。苏眉鱼是一种体形最大、寿命最长的的珊瑚鱼类，一般可活30年以上。目前发现的最大的苏眉鱼年龄超过50岁，长达2.5米，重达191公斤。成年苏眉鱼斑纹明显，色彩艳丽，并且每只苏眉鱼面部都具有独特的花纹，这些花纹从眼睛处向外辐射出去，就如人类的指纹一样。

• 生活习性

苏眉鱼食谱很广，除鱼类外，还以众多种类的无脊椎动物为食，包括许多有毒和有棘刺的动物，如海胆、棘冠海星、硬鳞鱼、海兔。苏眉鱼吃了这些有毒动物后并不会中毒，但毒素会在苏眉鱼体内积聚起来，人如果吃了未清理干净毒素的苏眉鱼后就会中毒。苏眉鱼有一整套对付猎物的技巧。如果猎物躲进珊瑚礁缝里，它会伸长自己的腭将猎物紧紧夹住并拖出来；对于隐蔽型的猎物，它会咬掉猎物所藏身的珊瑚枝，或者通过喷射强劲的水流将泥沙等覆盖物吹走从而捉住猎物；要是猎物钻到石头下面，苏眉鱼会用强有力的腭将石头翻过来，它还会用坚硬的咽头齿来压碎有壳类动物的硬壳。

苏眉鱼属于雌雄同体雌性先熟鱼类，这类鱼的一个重要特征是可以在一定的时期改变性别。大部分苏眉鱼出生后即保持性别不变，只有一小部分成年雌性苏眉鱼有机会变为雄性，这一小部分中较大的雌性苏眉鱼才有机会变为超雄性，这种情形常发生在另一只超雄性苏眉鱼首领死去时。超雄性苏眉鱼是一群苏眉鱼的首领，它比所有其他雄性苏眉鱼都大，有着独特的颜色和花纹。苏眉鱼会在繁殖季节选择新月初升时群聚交配产卵，届时，超雄性苏眉鱼会与大多数雌性苏眉鱼进行交配。超雄性苏眉鱼还负责巡视它的地盘，一旦有另一群苏眉鱼入侵，它会猛烈地驱逐走入侵的雄性苏眉鱼，并与入侵群中的雌性苏眉鱼交配。苏眉鱼不像许多洄游鱼类一样到出生地产卵，它们的整个交配产卵过程也很短，不超过一天。苏眉鱼交配产卵后，受精卵会漂浮到海洋光合作用带，并在那里孵化成幼鱼，幼鱼一般生活在内滨珊瑚虫丰富的潟湖里，成年后游往外滨。有趣的是，尽管苏眉鱼是最大的珊瑚鱼，却很容易受到惊吓，并在受惊吓时钻入珊瑚礁寻求避护。苏眉鱼性情温和，深受潜水爱好者喜欢，因为它甚至可以允许潜水员触摸它。

宝莲灯鱼 ＞

宝莲灯鱼学名日光灯鱼、新红莲灯鱼，脂鲤科属，原产南美洲巴西。宝莲灯鱼娇小纤细，体长约4~5厘米，是热带鱼中的珍品。其体侧扁，呈纺锤形，头、尾柄较宽，吻端圆钝。最明显的特色是，身体上半部有一条明亮的蓝绿色带，下方后腹部有一块红色斑块，全身带有金属光泽，闪闪发光，游动时特别美丽。宝莲灯鱼性情温和，宜群养，泳姿欢快活拨，十分讨人喜爱。

攀鲈 ＞

攀鲈是鲈形目攀鲈科的小型亚洲淡水鱼。原产于中国、马来西亚等国家。分布于亚洲，产于中国东南部至印度，为亚洲特有属。中国见于香港、福建、广东、广西、台湾、澳门、海南岛及云南省各大小江河下游及邻近湿地，属中国原生鱼类。以顽强的生命力和能在陆地上爬行而闻名于世，在海外是重要的食用鱼和著名的观赏鱼类。

• 外形特征

龟壳攀鲈身体侧扁延长略呈长方形，口端位，上下颌具细齿，尾柄短而侧扁，尾鳍圆形。体表底灰色略带灰绿，体后方具许多黑色散点，腹部略淡，鳃盖两强棘间及尾鳍基中央各具一黑斑，体侧具约10条黑绿色横纹。无须，具平行背缘中途断裂的侧线，吻两侧泪骨及鳃盖缘均具强锯齿，体表被有硬而厚的栉鳞，背鳍及臀鳍各具锋锐硬棘，背鳍硬棘16~20枚；背鳍软条7~10枚；臀鳍硬棘9~11枚；臀鳍软条8~11枚，体长可达25厘米以上。鱼体在不同的水域会有所不同，有银灰色的，也有显金黄色的。在鳃内部上方具有辅助呼吸器官，称鳃上器或迷路器，能纳入空气进行呼吸，在缺氧的滞水里亦能生存。

• 地理分布

  龟壳攀鲈原产于中国、马来西亚、印度等国家。攀鲈属分布于亚洲，西达中南半岛，南至越南，全球仅有2个种，产于中国东南部至印度，为亚洲特有属。中国仅有1个种，在香港，龟壳攀鲈分布于各大小河溪下游至河口及其邻近湿地池沼。福建、广东、广西、台湾、澳门、海南岛及云南省各大小江河下游及邻近湿地也有分布，属中国原生鱼类。基本性格温顺，易于饲养，对水质要求较低，能广泛生活于各类淡水至咸淡水环境，却较易受惊而跃出鱼缸外，离水一旦触怒即竖起吻侧及鳃盖锯片，不宜赤手处理，以顽强的生命力和能在陆地上爬行而闻名于世，在海外是重要的食用鱼和著名的观赏鱼类。为热带亚热带野生淡水经济鱼类，肉质嫩滑，味道鲜美，营养丰富，在马来西亚有"咖哩汁"之称。由于多年生态环境变化和人们的过度掠捕，海南省野生攀鲈鱼分布区域逐步缩小，种群数量急剧下降，成为濒危品种。

• 生活习性

　　龟壳攀鲈是攀鲈科的小型鱼类，属多年生，群或独居、昼行、肉食及腐尸食性的原生淡水鱼类，成鱼及幼鱼均属近水表自由游泳动物，主要摄小型水生动物包括蚯蚓、昆虫、小鱼以及它们的遗骸。栖息于静止、水流缓慢、淤泥多的水体。当生活的环境被污染，水质变质发臭，其他鱼类都无法生存相继死亡时，这种小鱼依然顽强地活着，但它并不喜欢生活在受污染的水里，每当大雨过后，水位上涨后，鱼儿们就会集体爬上岸，去寻找良好的新环境里生活。常依靠摆动鳃盖、胸鳍、翻身等办法爬越堤岸、坡地，移居新的水域，或者潜伏于淤泥中。龟壳攀鲈的鳃上器非常发达，能呼吸空气，故离水较长时间而不死，水体缺氧、离水或在稍湿润的土壤中可以生活较长时间。龟壳攀鲈对咸淡水有一定程度的耐受性，故能广泛分布于低地及近河口基围等泽地，在华南区域受大暴雨影响而有洪汛，珠江下游的龟壳攀鲈则能乘洪水冲至香港西部大屿山北及流浮山一带，在极淡的海面游到沿岸各大小河溪，周而复始，是香港少数能自内地不断地以二次性扩散形式补充个体的淡水鱼类。在香港的鱼类组成中，属下游低地浅水及泽地的中至表层鱼类，主食小型动物及其遗骸，隐栖石隙或植物丛。对污染不太敏感，生存个数却可反映严重水污染，可作指标物种。

● 热带观赏鱼盘点

神仙鱼 >

　　神仙鱼，又名燕鱼、天使、小神仙鱼、小鳍帆鱼等，丽科鱼属，原产南美洲的圭亚那、巴西。神仙鱼体态高雅、游姿优美，虽然它没有艳丽的色彩，但是受水族爱好者欢迎的程度是任何一种热带鱼无可比拟的，似乎还没有发现一个饲养热带鱼多年的爱好者没有饲养过神仙鱼的事例，神仙鱼几乎就是热带鱼的代名词，只要一提起热带鱼，人们往往第一联想就是这种在水草丛中悠然穿梭、美丽得清尘脱俗的鱼类。

• 外形特征

神仙鱼长 12~15 厘米，高可达 15~20 厘米，头小而尖体侧扁，呈菱形。背鳍和臀鳍很长大，挺拔如三角帆，故有小鳍帆鱼之称。从侧面看神仙鱼游动，如同燕子翱翔，神仙鱼鱼体侧扁呈菱形，宛如在水中飞翔的燕子，故在中国北方地区又被称为"燕鱼"。

• 分布范围

原产南美洲秘鲁境内的普卡帕镇，沿着乌卡亚利河往北，经亚马孙水域一路到巴西东部的亚马逊三角洲为止，在这范围将近 5000 千米的范围内，都可以发现它们的踪迹。此外，在里奥内格罗其他支流亦发现它们的踪迹或存在其他地域品种。一般成鱼体长 12~18 厘米。

• 生活习性

神仙鱼性格十分温和，对水质也没有什么特殊要求，在弱酸性水质的环境中可以和绝大多数鱼类混合饲养，唯一注意的是鲤科的虎皮鱼和孔雀鱼，这些调皮而活泼的小鱼经常喜欢啃咬神仙鱼的臀鳍和尾鳍，虽然不是致命的攻击，但是为了保持神仙鱼美丽的外形，还是尽量避免将神仙鱼和它们一起混合饲养。

• 变种和亚种

经过多年的人工改良和杂交繁殖，神仙鱼有了许多新的种类，根据尾鳍的长短，分为：短尾、中长尾、长尾三大品系；而根据鱼体的斑纹、色彩变化又分成好多种类，在国内比较常见的有：白神仙鱼、黑神仙鱼、灰神仙鱼、云石神仙鱼、半黑神仙鱼、鸳鸯神仙鱼、三色神仙鱼、金头神仙鱼、玻璃神仙鱼、钻石神仙鱼、熊猫神仙鱼、红眼神仙鱼等等，而最近在国外比较风行的埃及神仙鱼在国内还不多见。若以鱼鳍长短来分，还有长尾神仙鱼、中尾神仙鱼和短尾神仙鱼之称。

79

• **红眼钻石神仙鱼**

　　原产地南美洲亚马孙河，属慈鲷科，体长 10~15cm，体扁圆形。眼睛鲜红色，体色银白，体表的鱼鳞变异为一粒粒的珠状，在光线照射下粒粒闪光，散发出钻石般迷人的光泽，非常美丽。饲养水温 22~26℃，繁殖水温 27~28℃，水质是弱酸性软水，饵料有鱼虫、红虫、颗粒饲料等。亲鱼自由择偶，配偶关系固定，一对一缸，不再分开。

云石神仙鱼

红眼钻石神仙鱼

• **金头神仙鱼**

　　原产地南美洲亚马孙河、圭亚那等地，属慈鲷科。体长 10~15cm，扁圆盘形。背鳍挺拔高耸，臀鳍宽大，腹鳍是两根长长的丝鳍，全身银白色，唯头顶金黄色而得名。饲养水温 22~26℃，水质是微酸性的软水，繁殖水温 27~28℃。雄鱼体大，头顶圆厚凸出，雌鱼体小，头顶平直。亲鱼自由择偶，配偶关系固定，属磁板卵生鱼类。选用 10×15cm 的绿色塑料板，固定在 10cm 高度的支架上，放入种鱼繁殖缸中作产巢。

• **云石神仙鱼**

　　原产地南美洲亚马孙河，属慈鲷科。体长 10~15cm，体圆形侧扁。体色黑白两色偏黑，斑驳交错。饲养水温 22~26℃，水质是弱酸性的软水，饵料有鱼虫、水蚯蚓、红虫、颗粒饲料等。亲鱼性成熟 6 个月，雄鱼体格魁梧，头顶圆厚敦实，雌鱼头顶扁平。繁殖水温 27~28℃，磁板卵生。亲鱼自由配对，一对一缸，不再分开。

金头神仙鱼

• 三色神仙鱼

　　三色神仙鱼又名熊猫神仙鱼，原产地南美洲亚马逊河，属慈鲷科。体长 10~15cm，体扁圆形。背鳍高耸，臀鳍宽大，腹鳍是两根长长的丝鳍。体色银白，体表有数个大小不等的黑斑，头顶金黄色、体色黑白清晰，类似熊猫的花纹。饲养水温 22~26℃，繁殖水温 27~28℃，水质是弱酸性的软水。亲鱼性成熟年龄 6 个月，雄鱼个体较大，头顶圆厚丰满，雌鱼头顶瘦削扁平，磁板卵生。雌鱼每次产卵 300~500 粒，约 7~10 天第二次产卵。

• 斑马神仙鱼

　　原产地南美洲亚马孙河，属慈鲷科。体长 10~15cm，体呈圆盘形侧扁。头尖，腹鳍是两条长长的丝鳍，体侧 3~5 条黑色垂直横带，似斑马条纹而得名。饲养水温 22~26℃，水质微弱酸性软水，饵料以虫鱼为主。繁殖水温 26~28℃，亲鱼性成熟 6 个月，雄鱼个体较大，头顶呈圆弧形微微隆起，各鳍较长。

斑马神仙鱼

三色神仙鱼

鸳鸯神仙鱼

• 蓝神仙鱼

体形类似于神仙鱼，整体色泽较淡，而各鳍反射淡蓝色光泽，是一种很清雅的品种。也有白子的品种，白子的较为类似红眼神仙鱼，只是鳍依旧反射着蓝色的光泽。

• 鸳鸯神仙鱼

鸳鸯神仙鱼又名半身黑神仙，原产地南美洲亚马孙河，属慈鲷科。体长10~15cm，体呈圆盘形侧扁。头尖，腹鳍是两条长长的丝鳍。前半身银白或灰白色，后半身全黑色，黑白分明，非常美丽。饲养水温 22~26℃，饵料有虫鱼、水蚯蚓、红虫等。水质喜欢弱酸性软水。繁殖水温26~28℃，雄鱼个体较大，头顶呈圆弧形微微隆起，雌鱼头顶瘦削平滑，亲鱼自由择偶，配好对的种鱼不再分开。

蓝神仙鱼

• 黑神仙鱼

黑神仙鱼又名黑燕，原产地南美洲亚马孙河，属慈鲷科。体长10~15cm，圆盘形侧扁。全身漆黑如墨，体色鲜亮，是神仙鱼中较著名的品种之一，饲养水温 22~26℃，繁殖水温 27~28℃，喜弱酸性软水，亲鱼性成熟 6~8 个月，雄鱼个体较大，头顶圆厚微凸，雌鱼头顶平直，亲鱼自行配对，配偶关系固定，雌鱼每次产卵 100~200 粒，约 0~12 天进行第二次产卵。仔鱼 48 小时孵出，7 天后可游水觅食。

黑神仙鱼

灰斑马神仙鱼

• 阴阳神仙鱼

阴阳神仙鱼，又名绿珍珠，为身体后半部为黑色的改良品种，后半部的黑色还反射着墨绿色光泽。两色对比强烈，整体感觉很别致。

• 灰斑马神仙鱼（蓝斑马）

与斑马比较相似，灰斑马神仙鱼只是身色偏灰，色彩对比强烈，具有蓝绿色金属光泽，各鳍花纹也更加清晰华丽。而且本种神仙眼睛虹膜为红色。

• 玻璃神仙鱼（红面神仙鱼）

通体透明，头部黄色，可以清楚地看到鳃及内脏和骨骼。同样也有白子的品种。

• 白神仙鱼

整体除了眼部为黑色外，其他所有部位都为银白色，身体上无条纹，头部略透明，整体颜色完美，没有一丝杂斑，如同一件精美的玉雕。同样也有白子的品种。

• 银神仙鱼

整体为银色具有金属光泽的改良品种，身体上条纹不明显。

虎皮鱼 >

虎皮鱼，又名四间鱼、四间鲫鱼。原产地马来西亚及印尼苏门答腊岛、加里曼丹岛等内陆水域。

虎皮鱼体高，似棱形，侧扁，长5~6厘米。体色基调浅黄，布有红色斑纹和小点，从头至尾有4条垂直的黑色条纹，斑斓似虎皮。背鳍高，位于背上中部，尾柄短，尾鳍深叉形。最适生长水温24~26℃，要求含氧量高的老水。杂食性，但爱吃鱼虫、水蚯蚓等活饵料，干饲料也摄食，爱吃贪食。虎皮鱼好群聚，游泳敏捷、活泼，成鱼会袭击其他鱼，尤爱咬丝状体鳍条，不宜和有丝状体鳍条的鱼（如神仙鱼）混养。宜同种群养。虎皮鱼的变异种有绿虎皮鱼、金虎皮鱼等。绿虎皮鱼的体形、鳍形均未变，但体色改变成不规则的绿色大斑块和条纹，非常美丽。绿虎皮鱼要求高溶氧水体。金虎皮鱼体金红色，眼红色。

虎皮鱼是一种喜高温高氧的热带鱼，饲养水温应在24~28℃之间每日可换1/3新水，这样可增加鱼的食欲。当水温低于18℃时，虎皮鱼就会患病，水温低于15℃时，虎皮鱼就会死亡。

虎皮鱼生性好动，游泳速度快，喜群

居，故饲养缸要大，要群养。其食性杂，比较贪食，但喜食鱼虫等活饵料。

虎皮鱼喜在中层水域游动，虎皮鱼之间经常发生互相斗殴和转圈追咬现象，成鱼会袭击游动缓慢的热带鱼，故不宜过密。

虎皮鱼呼吸空气时，和老鼠鱼一样，它知道不能在水面上停留太久，不然会被抓。所以，它们会迅速冲到水面上又迅速回到水底下。它们通常会在水草中，因为水草会给它们一些安全感。

食人鲳 >

食人鲳是公众对一类分部于南美洲亚马孙河鱼类的统称，也译作水虎鱼。并非指某一种特定的鱼，而是一个类群，包括近30个种。属脂鲤科中的锯鲑脂鲤亚科，按食性和生活习性不同，可分为：植食性、肉食性两种。通常说的食人鲳，指该亚科中的肉食性红腹锯鲑脂鲤。该鱼体长30厘米（不计尾鳍）。主要分部于安第斯山以东至巴西平原的诸河流中。除亚马孙河外，库亚巴河和奥利诺科河也是其主要产地。

• 体形特征

体呈卵圆形，侧扁，尾鳍呈又字形。体呈灰绿色，背部为墨绿色，腹部为鲜红色。牙齿锐利，下颚发达有刺，以凶猛闻名。雌雄鉴别较困难。一般雄鱼颜色较艳丽，个体较小，雌鱼个体较大，颜色较浅，性成熟时腹部较膨胀。

• 生活习性

食人鲳栖息于主流和较大的支流，河面宽广处。食人鱼以凶猛闻名，俗称"水中狼族"。以鱼类和落水动物为食，也有攻击人的记录。但有些相近种类（如红鳍鲳）只吃水果和种子，中午会聚在阴凉处休息。成年个体一般在晨昏活动，体长15~24厘米的个体通常黄昏活动（12时–22时），幼鱼（8~11厘米）则整日活动。食人鲳听觉高度发达，牙齿尖锐异常。咬住猎物后紧咬不放，以身体的扭动将肉撕下来。一口可咬下16立方厘米的肉。牙齿会轮流替换使其能持续觅食，而强有力的齿立刻导致严重的咬伤。常成群结队出没，每群会有一个领袖。旱季水域变小时，食人鲳会聚集成大群，攻击经过此水域的动物。长久以来人们一直以为是血的气味引发了大群食人鲳的攻击，近年也有人提出是落水动物造成的噪音引起了它们的注意。

• 繁殖特点

　　繁殖期的亲鱼会将卵产在水中的树根上，1000 余枚。9~10 天孵化，亲鱼会护卵。河水泛滥会影响孵化的成功率。养在水族箱里的食人鲳繁殖相当困难，这也是其价位居高不下的原因，而不像红鳍鲳那么低廉。它们 18 个月性成熟，雄鱼会比较鲜艳一点。

• 原产地

　　南美洲中南部河流，巴西、圭亚那、阿根廷、玻利维亚、哥伦比亚、巴拉圭、秘鲁、委内瑞拉均有发现记录。

• 食人鱼的杀手锏

　　据生物学家统计，目前已发现的食人鱼有 20 多种，不仅出现在亚马孙河流域，在南美洲安第斯山脉以东，从加勒比

87

海南岸至阿根廷北部的一些拉美国家都有食人鱼的踪迹。

食人鱼的体形虽然小，但它的性情却十分凶猛残暴。一旦被咬的猎物溢出血腥，它就会疯狂无比，用其锋利的尖齿，像外科医生的手术刀一般疯狂地撕咬切割，直到剩下一堆骸骨为止。

食人鱼为什么这么厉害？这是因为它的颈部短，头骨特别是腭骨十分坚硬，上下腭的咬合力大得惊人，可以咬穿牛皮甚至硬邦邦的木板，能把钢制的钓鱼钩一口咬断，其他鱼类当然就不是它的对手了。平时在水中称王称霸的鳄鱼，一旦遇到了食人鱼，也会吓得缩成一团，翻转身体面朝天，把坚硬的背部朝下，立即浮上水面，使食人鱼无法咬到腹部，逃过一劫。

食人鱼的生活按属分是群居性和独居性，群居的时常几百条、上千条聚集在一起，最少6只也可成群，能同时用视觉、嗅觉和对水波振动的灵敏感觉寻觅进攻目标。但是它的视力较差，靠铁饼一样的体形区分同类。

食人鱼有胆量袭击比它自身大几倍甚至几十倍的动物，而且还有一套行之有效的"围剿战术"。当猎食时，食人鱼总是首先咬住猎物的致命部位，如眼睛或尾巴，使其失去逃生的能力，然后成群结队地轮番发起攻击，一个接一个地冲上前去猛咬一口，然后让开，为后面的鱼留下位置，迅速将目标化整为零，其速度之快令人难以置信。

• 食人鱼为何难以称霸亚马孙

许多人对这样一个问题大惑不解：既然食人鱼这么厉害，为什么亚马孙地区的动物不会被它扫荡光呢？

食人鱼的主要食物当然不会是落到水里的人、猴子、牛或其他哺乳动物，因为这种守株待兔式的猎食方式不能使它挨到下一顿，它们的主要目标是其他各种鱼类。

然而对于食人鱼来说，在亚马逊流域的河流里去猎食其他鱼类并非轻而易举之事，因为河水实在混浊，能见度通常不超过 1 米，而食人鱼发起攻击时离猎物的距离不能大于 25 厘米。

食人鱼的游速不够快，这对于许多鱼类来说无疑值得庆幸，但是捕食时的突击速度极快。游速慢的原因归咎于食人鱼的那副铁饼状的体形。长期的生物进化为什么没有赋予它一副苗条一点的身材呢？科学家们认为，铁饼状的体态是所有种类的食人鱼相互辨认的一个外观标志，这个标志起到了阻止食人鱼同类相食的作用。

为了对付食人鱼，还有许多鱼类在千百年的生存竞争中发展了自己的"尖端武器"。例如，一条电鳗所放出的高压电流就能把 30 多条食人鱼送上"电椅"处以死刑，然后再慢慢吃掉。

刺鲶则善于利用它的锐利棘刺，一旦被食人鱼盯上了，它就以最快速度游到最底下的一条食人鱼腹下，不管食人鱼怎样游动，它都与之同步动作。食人鱼要想对它下口，刺鲶马上脊刺怒张，使食人鱼无可奈何。而且在亚马孙河杀手排行榜上刺鲶排第一，食人鱼只排在第四。

食人鱼还有一种独特的禀性，只有成群结队时它才凶狠无比。有的鱼类爱好者在玻璃缸里养上一条食人鱼，为了在客人面前显示自己的勇敢，有时他故意把手伸到水里，在大多数情况下他都能安然无事。如果手指有伤就另当别论了。

假如客人凑近玻璃缸或是主人做了一个突如其来的手势，这种素有"亚马孙的恐怖"之称的食人鱼竟然吓得退缩到鱼缸最远的角落里不敢动弹。显而易见，平常成群结队时不可一世的食人鱼一旦离了群就成了可怜巴巴的胆小鬼啦。

小丑鱼 >

小丑鱼是对雀鲷科海葵鱼亚科鱼类的俗称，是一种热带咸水鱼。已知有28种，一种来自棘颊雀鲷属，其余来自双锯鱼属。小丑鱼与海葵有着密不可分的共生关系，因此又称海葵鱼。带毒刺的海葵保护小丑鱼，小丑鱼则吃海葵消化后的残渣，形成一种互利共生的关系。

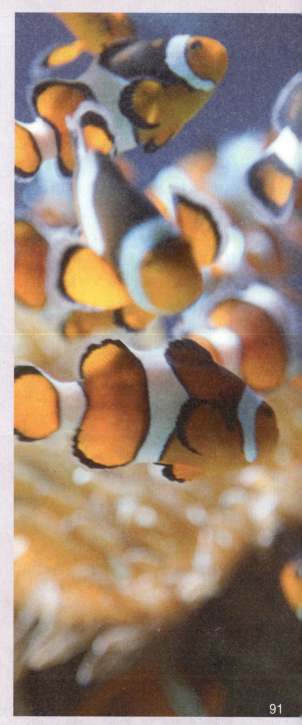

• 名称来源

在产卵期，公鱼和母鱼有护巢、护卵的领域行为。其卵的一端会有细丝固定在石块上，一星期左右孵化，幼鱼在水层中漂浮之后，才寻底栖的共生性生物。因为脸上都有一条或两条白色条纹，好似京剧中的丑角，所以俗称"小丑鱼"。

• 生活习性

环境：礁区鱼类；非迁移的；非洄游性；海洋；深度上下限 1~55m。

气候：热带的；30°N~30°S。

重要性：渔业，低经济；水族馆，商业性。

回复力：高度，族群倍增时间少于 15 个月。

生物学特性：栖息于珊瑚礁与岩礁，幼鱼时常与大的海葵、海胆或小的珊瑚顶部共生。形成小群到大群鱼群，胃内含物包括藻类、桡脚类的动物与其他的浮游性甲壳动物。

• 形态特征

最大体长 11.0cm。背棘（总数），12~12；背的软条（总数），14~16；臀棘 2；臀鳍软条，14~15，幼鱼全体黑色的有鳞片集中蓝的；在前额与上侧面上的白色的斑块；所有的鳍黑色除透明的胸鳍与软背鳍鳍条的外部部分。

• 共生关系

小丑鱼身体表面拥有特殊的黏液,可保护它不受海葵的影响而安全自在地生活于其间。因为海葵的保护,使小丑鱼免受其他大鱼的攻击,同时海葵吃剩的食物也可供给小丑鱼,而小丑鱼亦可利用海葵的触手丛安心地筑巢、产卵。对海葵而言,可借助小丑鱼的自由进出,吸引其他鱼类靠近,增加捕食的机会;小丑鱼亦可除去海葵的坏死组织及寄生虫,同时因为小丑鱼的游动可减少残屑沉淀至海葵丛中。小丑鱼也可以借着身体在海葵触手间的摩擦,除去身体上的寄生虫或霉菌等。

小丑鱼产卵在海葵触手中,孵化后,幼鱼在水层中生活一段时间,才开始选择适合它们生长的海葵群,经过适应后,才能共同生活。值得注意的是,小丑鱼并不能生活在每一种海葵中,只可在特定的对象中生活;而小丑鱼在没有海葵的环境下依然可以生存,只不过缺少保护罢了。

小丑鱼是极具领域观念的,通常一对雌雄鱼会占据一个海葵,阻止其他同类进入。如果是一个大型海葵,它们也会允许其他一些幼鱼加入进来。在这样一个大家庭里,体格最强壮是雌鱼,她和她的配偶雄鱼占主导地位,其他的成员都是雄鱼和尚未显现特征的幼鱼。雌鱼会追逐、压迫其他的成员,让它们只能在海葵周边不重要的角落里活动。如果当家的雌鱼不见了,原来那一对儿夫妻中的雄鱼会在几星期内转变为雌鱼,完全具有雌性的生理机能,然后再花更长的时间来改变外部特征,如体形和颜色,最后完全转变为雌鱼,而其他的雄鱼中又会产生一尾最强壮的成为它的配偶。

公子小丑鱼

• 主要种类

• 公子小丑鱼

分布于中国南海、菲律宾、西太平洋的礁岩海域，体长 10~12cm，椭圆形。体色橘红，体侧有 3 条银白色环带，分别位于眼睛后、背鳍中央、尾柄处，其中背鳍中央的白带在体侧形成三角形，各鳍橘红色有黑色边缘。

• 红小丑鱼

软条部延长而呈方形；成鱼体黑色，头部、胸腹部以及身体各鳍均为红色。眼睛后方具一镶白缘之宽白带，向下延伸至喉峡部。亚成鱼体一致橙黄色，眼睛后方具一白色竖带。随着成长，体色逐渐转红，且身体后方出现黑斑并扩散至整个身体。

红小丑鱼

栖息于潟湖和海湾水深 1~12 米之间的水域，与奶嘴珊瑚共生。红小丑属常见鱼种，价格便宜，购买时注意与印度红小丑的分别。红小丑和印度红小丑的最大区别在于，印度红小丑成鱼的眼睛后方不具白色竖带，很容易辨认。

• 黑双带小丑鱼

分布于印度洋中的珊瑚礁海域，属雀鲷科，体长 10~15cm，椭圆形。全身紫黑色，体侧在眼睛后、背鳍中间、尾柄处有 3 条银白色垂直环带，嘴部银白色，经眼睛有一条黑带。饲养水温 26~27℃，海水比重 1.022~1.023，海水 pH 值 8.0~8.5 之间，水硬度 7~9 度 dh。水质要求澄清，饵料有丰年虾、鱼虫、切碎的鱼虾肉、海水鱼颗粒饲料等。喜欢躲在花朵般的海葵触手中。

• 透红小丑鱼

分布于印度洋、太平洋的珊瑚礁海域，属雀鲷科，体长 10~15cm，椭圆形。全身紫黑色，各鳍紫红色，体侧在眼睛后、背鳍中间、尾柄处有 3 条银白色环带，非常美丽，饲养水温 26~27℃，海水比重 1.022~1.023，海水 pH 值 8.0~8.5 之间，水硬度 7~9 度 dh。饵料有海水中的藻类、

透红小丑鱼

动物性浮游生物、海水鱼颗粒饲料等。透红小丑多饲养在有无脊椎动物的水族箱中，栖息在微微摇的海葵触手中，楚楚动人，美艳绝伦。

• 红双带小丑鱼

分布于印度洋、太平洋的珊瑚礁海域和台湾、中国南海及菲律宾等地，属雀鲷科，体长 10~12cm，椭圆形。全身鲜红色，体侧在眼睛后、背鳍中间、有两条银白色环带。双带小丑的体色多变，有鲜红、紫红、紫黑等，饲养水温 26~27℃，海水比重 1.022~1.023，海水 pH 值 8.0~8.5 之间，水硬度 7~9 度 dh。饵料有海水鱼颗粒饲料、切碎的鱼肉、海藻等。水质要求澄清，喜欢躲在多彩的海葵中。

• 咖啡小丑鱼

红双带小丑鱼

分布于菲律宾、中国台湾、太平洋的珊瑚礁海域，属雀鲷科。体长 5~8cm，椭圆形。全身浅棕色，眼睛后方有一条白色环带，犹若套在脖子上的银圈。嘴银白色，从嘴沿着背部到尾柄连同背鳍都是银白色。饲养水温 26~27℃，海水比重 1.022~1.023，海水 pH 值 8.0~8.5，海水硬度 7~8 度 dh。饵料有藻类、鱼虫、丰年虾、海水鱼颗粒饲料等。喜欢栖息在海葵或珊瑚丛中。小丑鱼体表面分泌的黏液可保护自己不受海葵刺细胞的侵害，它躲藏在海葵花朵般的触手中，与海葵形成一种共生关系。

咖啡小丑鱼

• 黑豹小丑鱼

形态特征：背鳍鳍棘（总数）：10 条，眼中大，上侧位。口大，上颌骨末端不及眼前缘；齿单列，齿端具缺刻。背鳍单一，软条部延长而钝圆形。成鱼体棕黑色至黑色，吻部白色。眼睛后方具一镶黑缘之白带，体侧中后方具一大块呈梯形的白斑，

焦豹小丑鱼

因此也得名"宽带小丑"，尾柄上另具一宽阔的白环带。身体各鳍与体色一致。

• 印度红小丑

分布在东印度洋的珊瑚礁海域，分布范围包括安达曼和尼科巴群岛、泰国、马来西亚以及印度尼西亚的爪哇和苏门答腊岛一带海域。

背鳍鳍棘（总数）：10~11条，成鱼软条部延长而呈方形；成鱼体红色至棕色，体侧 1/2~2/3 部分为黑色，身体各鳍均为红色至棕色。幼鱼体红色，眼睛后方具一白色窄竖带，仅向下延伸至鳃盖缘，体侧后上方具一不明显至黑色斑块。随着成长，白带逐渐消失，而黑斑点则逐渐扩大至全身。印度红小丑和红小丑的最大区别在于，红小丑成鱼的眼睛后方具一镶黑缘之白色宽竖带，并向下延伸至喉

印度红小丑

峡部，很容易辨认。

栖息于泥泞的沿岸海湾水深 2~15 米之间的水域，通常成对活动于能见度较低的地方。

需补充说明的是，印度红小丑属常见鱼种，价格便宜，购买时注意与红小丑的

印度洋银线小丑

分别。

• 印度洋银线小丑

分布范围包括东非洲、马达加斯加、科摩罗群岛、塞舌尔、安达曼海、苏门答腊岛和千岛群岛一带海域。没有在马尔代夫和斯里兰卡发现其踪迹。西太平洋的族群——太平洋银线小丑与之非常相似，常常被混淆。

栖息于较浅的沿岸珊瑚礁区水深 3~25 米之间的水域，通常生活在强流区水深 15 米左右的地方。每只海葵均被一条较大的雌鱼盘踞，同时还有一条体形较小的功能性雄鱼以及数条成长受阻碍的幼鱼。如果雌鱼被赶走或自行离去，那么功能性雄鱼就会变性为雌鱼，而体形最大的幼鱼也就承担功能性雄鱼一职，周而复始。

成鱼软条部延长而钝圆形；成鱼体一

致橙色，从头背部经背部至尾柄上方具一白色纹带，背鳍软条白色或黄色，余鳍与体色一致。印度洋银线小丑与太平洋银线小丑非常相似，区别在于后者的白带自上嘴唇开始往后延伸，而前者的上嘴唇则与

太平洋银线小丑

体色一致，不难分辨。

• 太平洋银线小丑

　　分布范围包括圣诞岛和澳大利亚西部至琉球群岛、中国台湾、菲律宾、新几内亚、当特尔卡斯托群岛。

　　成鱼体一致橙红色。太平洋银线小丑与印度洋银线小丑非常相似，区别在于后者的白带自上嘴唇之后开始往后延伸，而前者的白带则自上唇开始往后延伸，不难分辨。

　　栖息于潟湖和外礁区水深3~20米之间的水域，通常成对或小群生活。

• 太平洋双带小丑

　　分布在太平洋的珊瑚礁海域，分布范围包括澳大利亚昆士兰和新几内亚至马绍

太平洋双带小丑

尔群岛和土木土群岛一带海域。

　　形态特征：10~11条，臀鳍鳍棘：2条，臀鳍软条：13~14条。尾鳍呈截形，上下叶外侧鳍条不延长呈丝状。成鱼体呈棕黑色，胸腹部和臀部黄色。眼睛后方具一白色半环带，向下延伸至鳃盖下方且向下收窄；背鳍中段至肛门间另具一较窄的白竖带。胸鳍和背鳍黄色，腹鳍和臀鳍黑色，尾柄和尾鳍白色。太平洋双带小丑与大堡礁双带小丑以及阿氏双带小丑较为相似，区别在于大堡礁双带小丑的体色为一致棕褐色，且体中央的白带为跨越背鳍的环带，而太平洋双带小丑则为黄黑色，且白带只达至背鳍基部，并不向上穿越；与阿氏双带小丑的区别在于，阿氏双带小丑的胸鳍和臀鳍均为黄色，而太平洋双带小丑则为黑色。除此之外，太平洋双带小丑与其他双带小丑族群的最大区别在于尾鳍的颜色，前者为一致白色，后者则为黄色，很容易分辨。

• 太平洋三带小丑

　　分布范围仅在马绍尔群岛一带海域。报告显示在新喀里多尼亚也可见其踪迹。

太平洋三带小丑

塞舌尔双带小丑

背鳍鳍棘（总数）：10~11条。成鱼体前半部棕黄色，后半部黑色。体侧具3条白色竖带，分别在眼睛后方、体侧中央以及尾柄上。胸鳍、腹鳍和臀鳍棕黄色，背鳍末端和尾鳍黑色。太平洋三带小丑与毛里求斯三带小丑较为相似，区别在于后者体色为黑色，体中间的白带达至背鳍顶部，且尾柄上的环带较宽，不难分辨。此外，报告显示部分太平洋三带小丑体一致为黑色，经生物学家研究后，初步认为太平洋三带小丑的体色会因不同种类的共生海葵而有所不同。体形尺寸：最大体长12cm。

栖息于潟湖和外礁斜坡水深3~40米之间的水域，主要以浮游生物、桡脚类动物、无脊椎动物以及各种海藻为食。

• 塞舌尔双带小丑

分布范围仅在塞舌尔和阿尔达布拉环礁一带海域。形态特征：背鳍鳍棘（总数）11条，背鳍软条（总数）15~16条，臀鳍鳍棘2条，臀鳍软条14条。软条部延长而呈尖形；眼睛后方具一宽阔白竖带，向下延伸至鳃盖下方；体侧中后方另具一白色竖带，自背鳍缘向下延伸至肛门处。背

鳍灰黑色，尾柄灰白色，尾鳍棘条黑色，余部浅灰色透明，上下叶具白色缘带。塞舌尔双带小丑与其他双带小丑族群的最大区别在于背鳍和尾鳍，前者的背鳍和尾鳍为灰黑色相间，而其他双带小丑的背鳍和尾鳍颜色一致，很容易分辨。

栖息于潟湖和珊瑚礁区水深 5~30 米之间的水域，与地毯海葵共生。

• 毛里求斯三带小丑

分布范围仅在毛里求斯一带海域。成鱼体黑色，喉峡部和胸腹部均为黄色。体侧具 3 条白色竖带，分别在眼睛后方、体侧中央以及尾柄上。胸鳍和腹鳍黄色，背鳍和尾鳍黑色，臀鳍黑色或黄色。毛里求斯三带小丑与太平洋三带小丑较为相似，区别在于后者体色为棕褐色，体中间的白带只达背鳍基部，且尾柄上的环带较窄，不难分辨。

栖息于潟湖和外礁区水深 2~40 米之间的水域，与念珠海葵、斑马海葵、白地毯海葵以及地毯海葵共生。

• 克氏双带小丑

分布范围包括波斯湾至西澳大利亚，印澳群岛各处和美拉尼西亚和密克罗尼西亚在西太平洋中的所属岛屿，北至中国台湾，南至日本和琉球群岛一带海域。

成鱼体黑色，头部和胸腹部黄色，眼睛后方和体侧中后方各具一条宽阔的白竖带。背鳍黑色，软条部为黄色，余鳍均为黄色，尾柄处具一白色窄环带。在不同的

分布区域中，克氏双带小丑也有几种不同的形态，其中一种较为常见的是尾鳍前端白色，后端灰白色透明，上下叶具黄色缘；另一种则更为特别，眼睛前方至吻部为灰白色，尾鳍灰白色透明且上下叶具黄色缘，余鳍和胸腹部均为黑色。克氏双带小丑与其他双带小丑族群的最大区别在于尾柄上具一白色窄环带，且身体中后方的竖带非常宽阔，不难分辨。

栖息于潟湖和外礁斜坡水深 1~55 米之间的水域，通常成对生活，行一夫一妻制。与拿破仑地毯海葵、夏威夷海葵、斑马海葵。

• 红海双带小丑

分布范围包括红海和查戈斯群岛一带海域。

成鱼体呈黄色至橙黄色，背部颜色较深。眼睛后方具一镶黑边之白色半环带，向下延伸至鳃盖下方；背鳍中段至肛门间另具一较窄的镶黑边之白竖带。身体各鳍与体色一致或稍淡。红海双带小丑与查戈斯双带小丑较为相似，不同之处在于后者的体色偏橙色，而前者则偏黄色。此外，后者的体形较长而窄，而前者则较短而宽，不难分辨。

栖息于潟湖和外礁区水深 1~30 米之间的水域，通常成对生活，行一夫一妻制。

• 大堡礁双带小丑

分布在西太平洋的珊瑚礁海域，分布范围包括澳大利亚东部（大堡礁和珊瑚海，

以及新南威尔士北部）、新喀里多尼亚以及罗亚尔特群岛一带海域。

成鱼体呈棕褐色，眼睛前方灰红色。眼睛后方具一镶黑缘至白色宽环带，背鳍中段至肛门间另具一镶黑缘之白环带。背鳍棕褐色，胸鳍、腹鳍和臀鳍均为棕黄色，尾柄和尾鳍白色。大堡礁双带小丑与阿氏双带小丑以及太平洋双带小丑较为相似，而后两者则为黄黑色；在体中央的白带方面，前者为跨越背鳍的环带，而后两者的白带只达至背鳍基部，并不向上穿越。除此之外，大堡礁双带小丑与其他双带小丑族群的最大区别在于尾鳍的颜色，前者为一致白色，后者则为黄色，很容易分辨。

栖息于潟湖和外礁区水深 1~25 米之间的水域，主要以浮游生物和无脊椎动物为食。

● 查戈斯双带小丑

分布在西印度洋的珊瑚礁海域，分布范围仅在查戈斯群岛一带海域。

成鱼体呈橙黄色，查戈斯双带小丑与红海双带小丑较为相似，不同之处在于前者的体色偏橙色，而后者则偏黄色。此外，前者的体形较长而窄，而后者则较短而宽，

电影《海底总动员》的主角是一对可爱的小丑鱼父子。父亲玛林和儿子尼莫一直在澳大利亚外海大堡礁中过着安定而"幸福"的平静生活。鱼爸爸玛林一直谨小慎微，行事缩手缩脚，虽然已为人父，却丝毫不会影响它成为远近闻名的胆小鬼。也正因为这一点，儿子尼莫常常与玛林发生争执，甚至有那么一点瞧不起自己的父亲。

有一天，一直向往到海洋中冒险的尼莫，游出了它们所居住的珊瑚礁。正当尼莫想要舒展一下小尾巴的时候，一艘渔船毫不留情地将欢天喜地的尼莫捕走，并将它辗转卖到澳大利亚悉尼湾内的一家牙医诊所。在大堡礁的海底，心爱的儿子突然生死未卜的消息，对于鱼爸爸玛林来说却无异于晴天霹雳。尽管胆小尽管怕事，现在为了救回心爱的孩子，玛林也就只有豁出去了。它决心跟上澳大利亚洋流，踏上寻找自己儿子的漫漫征程。

虽说是已下定决心，但这并不代表玛林可以在一夜之间抛弃自己怯懦的性格。途中与大白鲨布鲁斯的几次惊险追逐，很快便令它萌生退意，险些使父子重聚的希望化为泡影。但幸运的是，玛林遇到了来自撒马力亚的蓝唐王鱼多瑞。多瑞是一只热心助人、胸怀宽广的大鱼。虽然严重的健忘症常常搞得玛林哭笑不得，但是有多瑞在身边做伴，却也渐渐令玛林明白了如何用勇气与爱战胜自己内心的恐惧，也懂得了一生中有一些事情的确是值得自己去冒险、去努力的道理。

就这样，两条鱼在辽阔的太平洋上的冒险使它们交到了形形色色的朋友，也遭遇了各式各样的危机。而鱼爸爸玛林也终于克服万难，与儿子团聚并安全地回到了自己的家乡。过去那个甚至连自己儿子都瞧不起的胆小鬼玛林，经过这次的考验后成为了儿子眼中真正的英雄！一场亲情团聚的大戏，就此在充满泪水的眼睛中落下了帷幕。

剑尾鱼 〉

剑尾鱼属热带鱼，产于墨西哥、危地马拉等地的江河流域。性情温和，很活泼，可与小型鱼混养。雄鱼尾鳍下叶有一呈长剑状的延伸突。与新月鱼近缘，广泛用于遗传及医学研究。剑尾鱼原为绿色，体侧各具一红色条纹，但已培育出许多花色品种。

剑尾鱼别名剑鱼、青剑。成鱼体长可达10厘米，通体橄榄色，鳞片边缘褐色，两侧中部有一条深红色条纹，从鳃后直至尾部，条纹上下有浅蓝色镶边。雄鱼尾鳍下端延长似剑，其长度超过体长，剑尾绿色或橙色，边缘黑色，背鳍上有红斑。雌鱼色泽较雄鱼逊色，无剑尾。剑尾鱼在水温20~25℃，弱酸性、中性或微碱性水中都能正常生长和繁殖，最适生长水温为22~24℃，杂食性，性格温和，易和别的热带鱼混养。剑尾鱼6~8月龄性成熟，每隔4~5周繁殖1次，每次产鱼苗20~30尾，适宜繁殖的水质为pH7~7.2，硬度6~9度。剑尾鱼的生理发育有性逆转现象，完成性转化的鱼具有雄性的习性和功能，繁殖方法与孔雀鱼相似。

剑尾鱼与月光鱼杂交，经过人工不断选优培育，可得到红剑、黄剑、鸳鸯剑等不同花色品种，尾鳍有单剑，也有双剑（尾鳍上下端都延长）。杂交后的品种，如红剑，生长快，体格强壮，易饲养，更具有观赏价值。

南美短鲷 ＞

南美短鲷是原产于南美洲热带、亚热带的成鱼体长10厘米以下的鲷型鱼，这类型生活在淡水中的小鱼体色鲜艳、行为有趣，而且拥有惊人的繁殖能力，是世界上繁殖速度最快的鱼种之一。短鲷真是一种让人爱不释手的鱼类，它们有像人类一样保护幼子的行为，以及捍卫疆土和求爱所表现的丰富肢体语言，让人流连忘返于水族箱前。

红裙鱼 〉

红裙鱼又名灯火鱼、半身红鱼、红裙子鱼。它身体呈纺锤形，前半部较宽，后半部突然变窄，好像少了一块。体长3~4厘米，鱼体呈透明状，头部和背部为暗绿色，头后为浅黄色，身体后半部为鲜红色艳如红裙，所有鳍条也为红色。胸鳍上方有两条黑色横向条纹。繁殖时身体前半部也会转成浅红色。红裙鱼是人们十分喜欢的小型的热带鱼。

• 形态特征

该鱼体高而侧扁，头短，吻圆钝，尾鳍呈叉形。前半身淡红色，后半身深红色，尤其是臀鳍宽大红色特艳。成鱼体长4厘米。前半身宽阔，褐色，后半身窄，红色，身体半透明，腹部银白色，各鳍红色，胸鳍上方有两条条纹。

• 性格特点

性情活泼，可与其他小型鱼混养。胆小，易受到惊吓，喜静，饲养环境应安静宜，适宜23~26℃的弱酸性软水。红裙鱼对饵料不挑剔，鱼虫及人工饵料均可喂养。在水质适中的环境中，其后半身的裙尾红色可以保持鲜艳的颜色，隐隐看到裙尾边缘镶嵌着一条黑边，当水温低于20℃时，裙尾的红色会变淡。

刚果扯旗 >

刚果扯旗又名刚果霓虹鱼、刚果鱼。原产地非洲刚果河水系。刚果扯旗是较珍贵的热带观赏鱼。有珍珠色的大鱼鳞，在光线的照射下，可以显示出七彩的变化，令人感到美不胜收。

鱼体长达8~10厘米，纺锤型，头小，眼大，口裂

向上。背鳍高窄。腹鳍、臀鳍较大。尾鳍外缘平直，但外缘中央突出。体色基调青色中混合金黄色，大大的鳞片具金属光泽，在光线的映照下，绚丽多彩，非常美丽。雄鱼尾鳍外缘中凸，背鳍高尖；雌鱼色泽较浅，腹部肥大。

> ### 热带观赏鱼之最

• 战船鱼——鱼中的美食家

战船鱼是所有热带大型鱼中最会享受食物的。肉食菜类水果它全都喜欢，可以说是你喂它什么它都会静静地享受美食。有的养鱼爱好者喜欢给战船鱼吃胡萝卜和白菜，而苹果则是战船鱼的最爱。

• 罗汉鱼——鱼中的亡命徒

之所以说罗汉鱼是亡命徒，就是因为它凶猛的性格和不怕死的精神。不管自己的对手比自己大多少，它都会去攻击它们，要不把对方咬死，要不就自己死掉，否则绝不罢休。

• 五彩神仙鱼——鱼中的好父母

五采神仙鱼又叫奶子鱼，它们的孩子从一出生就受到与别的鱼不一样的优待。雌鱼和雄鱼一起看护自己的孩子，一直到孩子长大，可以说是父母中的典范。

• 射水鱼——鱼中的枪手

射水鱼的捕食方法是最为特殊的，当它发现猎物的时候，会喷出一股水流将小虫打入水中，最终变成自己的食物。据统计它命中目标的准确率高达95%，称之为枪手真不为过。

● 细数中国观赏鱼

金鱼 >

金鱼起源于中国，12世纪已开始金鱼家化的遗传研究，经过长时间培育，品种不断优化，现在世界各国的金鱼都是直接或间接由中国引种的。在人类文明史上，中国金鱼已陪伴着人类生活了近千年，是世界观赏鱼史上最早的品种。在一代代金鱼养殖者的努力下，中国金鱼至今仍向世人演绎着动静之间美的传奇。

金鱼也称"金鲫鱼"，近似鲤鱼但无口须，是由鲫鱼演化而成的观赏鱼类。金鱼的品种很多，颜色有红、橙、紫、蓝、墨、银白、五花等，分为文种、草种、龙种、蛋种4类。

金鱼易于饲养，它身姿奇异，色彩绚丽，形态优美。金鱼能美化环境，很受人们的喜爱，是我国特有的观赏鱼。

• 金鱼由来

鱼类和人类的关系甚为密切，早在石器时代，人们就捕捉鱼类作为食物。在距今 3200 多年前，中国已有了养鱼的记录（根据殷墟出土甲骨卜辞），由于长期的捕鱼、养鱼，同鱼类接触的机会颇多，对鱼类的观察机会非常多，了解也多，所以很容易发现在野生鱼类中发生变异的种类，尤其是变为金色或红色的种类更易引起人们的关注。当时人们把金色或红色的鱼类统称为"金鱼"。

根据史料的记载以及近代科学实验的资料，科学家已经查明，金鱼起源于我国普通食用的野生鲫鱼。它先由银灰色的野生鲫鱼变为红黄色的金鲫鱼，然后再经过不同时期的家养，由红黄色金鲫鱼逐渐变成为各个不同品种的金鱼。

作为观赏鱼，远在中国的晋朝时代（265~420 年）已有红色鲫鱼的记录出现。在唐代的"放生池"里，开始出现红黄色鲫鱼，宋代开始出现金黄色鲫鱼，人们开始用池子养金鱼，金鱼的颜色出现白花和花斑两种。到明代金鱼搬进鱼盆。在动物分类学上是属于脊椎动物门、有头亚门、有颌部、鱼纲、真口亚纲、鲤形目、鲤科、鲤亚科、鲫属的硬骨鱼类。金鱼和鲫鱼同属于一个物种，在科学上用同一个学名。

我国明代伟大的本草学家李时珍，在他撰写的《本草纲目》中写有："金鱼有鲤鲫鳅鳘数种，鳅鳘尤难得，独金鲫耐久，前古罕知"……称为"金鱼"的鱼原有 4 种，"金鲫"即颜色变为黄、红的鲫鱼，以后由于单独培育金鲫，变化越来越大，所以，"金鱼"这一名称只代表由金鲫培育出来的各变异品种，即现今的金鱼。

金鱼的故乡是在嘉兴和杭州两地。根据日本学者松井佳一的研究，中国金鱼传至日本的最早纪录是 1502 年。金鱼传到英国是在 17 世纪末叶，到 18 世纪中叶，双尾金鱼已传遍欧洲各国，传到美国是在 1874 年。

• 外形体色

金鱼的种种颜色，主要是由于真皮层中许多有色素皮肤细胞所产生。金鱼的颜色成分只有3种：黑色色素细胞、橙黄色色素细胞和淡蓝色的反光组织。所有的这些成分都存在于野生鲫鱼中。家养金鱼鲜艳多变的体色，只不过是这3种成分的重新组合分布，强度、密度的变化，或消失了其中一个、两个或三个成分而形成的。

有些同种鱼类的不同个体间具有不同的色彩。有些鱼类同一个体的一色，在一定的范围内随着背景的改变而发生变化。这是鱼类对生存环境的特殊适应。这种变化，随着物种的不同，变色的能力、速度会有所不同。

会变色的鱼类特别多，金鱼是其中一种，变色主要受神经系统和内分泌系统控制，大多数对颜色的感应主要依靠头部神经系统。主要原因是为了适应环境色彩，同时还有其他因素。比如在受电光照射后，就会把一定的颜色和斑纹显示出来。当鱼受伤、生病或水中缺氧、水质变差时，鱼的体色会变暗，失去光泽。

• **头形**

我国各地饲养者把头形分为虎头、狮头、鹅头、高头、帽子和蛤蟆头。在这些头形中，有的是同一类型，在各地有着不同的名称。如北京饲养者称为虎头的，在南方称为狮头；在北京称为帽子的，在南方称为高头或鹅头。

平头：其头部皮肤是薄而平滑的，称为平头。有窄平头和宽平头之分。

鹅头：头顶上的肉瘤厚厚凸起，而两侧鳃盖上则是薄而平滑的。

狮头：头顶和两侧鳃盖上的肉瘤都是厚厚凸起，发达时甚至能把眼睛遮住。

寿星头：虎头的一种，头顶部向前凸出神似南极仙翁的头部，故称作寿星。

猫狮头：虎头的一种，头部肉瘤非常发达，菊瓣状为主。

兰寿头：虎头的一种，由日本培育出。俯视肉瘤前端方正，有两个吻突。但是侧视时肉瘤没有中国虎头、狮头、寿星头、猫狮头肉瘤体积大，也没有国产头瘤类的肉瘤明显。

皇冠头：皇冠珍珠金鱼独有的头瘤，平滑的单一肉瘤。

• **眼睛**

可分为正常眼、龙眼、朝天眼和水泡眼。

正常眼：与野生型鲫鱼的眼睛一样大小者称为正常眼。

龙眼：眼球过分膨大，并部分地突出于眼眶之外，这种眼称为龙眼。

朝天眼：朝天眼与龙眼相似，都比正常眼大，眼球也部分地突出于眼眶之外，所不同的是朝天眼的瞳孔向上转了90度而朝向天。还有一种在朝天眼的外侧带有一个半透明的大小泡，这种眼称为朝天泡眼。

水泡眼：这种眼的眼眶与龙眼一样大，但眼球同正常眼的一样小，眼睛的外侧有一半透明的大小泡，这种眼称为水泡眼。还有一种与水泡眼相似，只是眼眶中半透明的水泡较小，在眼眶的腹部只形成一个小突起，从表面上看很像蛙的头形，所以称为蛙头，也有人称为蛤蟆头。

其实，生物的种类并不是一成不变的。它从一个形状简单的类型可以逐渐进化成多种多样的形态。

• 雌雄辨别

雌雄性金鱼主要从以下几个方面辨别：

（一）外部形态的区别：

（1）体形的差别：雄性金鱼一般体形略长，雌性金鱼身体较短且圆。怀卵期雌鱼较雄鱼腹部膨大。

（2）尾柄的差别：雄鱼比雌鱼略粗壮。

（3）胸鳍的差别：细心观察可发现，雄鱼稍尖长，胸鳍第一根鳍刺较粗硬；雌鱼呈短圆形，胸鳍第一根鳍刺不太硬。

（4）生殖器的差别：由肚皮向上看，雄鱼生殖器小而狭长，呈凹形；雌鱼生殖器大而略圆，向外凸起。

（二）色泽的区别：雌雄不同的金鱼，在体色上略有差异，雄鱼一般颜色鲜艳，而雌鱼略淡一些，在繁殖发育期，雄鱼体色更为鲜艳。

（三）手感与动感：用手轻托鱼的腹部，中指和无名指感触到雄鱼腹部有一条明显的硬线，雌鱼则腹部较软。走过鱼池边时，猛踏脚观察，雄鱼游动速度快而且敏捷，雌鱼动作则慢一些。

（四）追星：随着气温的升高，金鱼在产卵期会出现第二特征——追星——粗糙的小白点，这是辨别金鱼性别最容易、最准确的时候，也是最容易掌握的一种辨别方法。雄鱼的追星出现在胸鳍第一根刺和鳃盖边缘，多时整个胸鳍每个鳍条上都长有追星，前端的明显，后面的要仔细才可以观察到。

运用以上辨别方法，还必须依靠有多年饲养的经验和平时细心观察，才能准确地辨别金鱼的雌雄。

金鱼和鲫鱼可以杂交吗?

从理论上讲是可以的，金鱼本身就是从野生的鲫鱼选育而来的，它们在生物学意义上是同一种物种的不同品种。

但是实际上很难让金鱼和鲫鱼进行杂交，因为两者在外形和生活习性上发生了很大变化，混养在一起时，鲫鱼明显具有生理优势，很难让优劣差距明显的鱼自然配对。

在理论上讲，将金鱼和鲫鱼实行人工授精能够实现繁育的成功，但是没有人会做那样的事，因为两者的后代既不会比金鱼好看，也不会有鲫鱼那样强的生活能力，两方面都不会出色。

• 草种鱼

草种鱼体形近似鲫鱼，是金鱼中最古老的一种，身体侧扁呈纺锤形，有背鳍，胸鳍呈三角形，长而尖。因其野性略存，有跳缸的危险，故鱼至新环境后头两天要有防护措施。

其主要品种有：

金鲫：尾鳍较短，单叶，呈凹尾形；全身均为橙红色，是最古老的金鱼品种。

草金鱼：直接起源于金鲫。尾鳍较长，双叶或三叶，不分开，呈燕尾形或菱角形（即三尾）；全身均为红色。

红白花草金鱼：尾鳍较短，单叶，呈凹尾形；头部和身体上红、白色兼有。

113

• 龙种鱼

龙种鱼是金鱼的代表品种，也是主要品种。其主要特征是体短，头平而宽，眼球膨大突出眼眶之外，似龙眼；鳞片圆而大，胸鳍长而尖呈三角形，尾鳍四叶。

主要品种有：

红龙眼：全身通红，具有龙种鱼的特征，是龙种鱼中最普通的品种。

墨龙睛：通身乌黑，背部尤其显著，有"黑牡丹"之称。好的品种为乌黑闪光，像黑绒墨缎。

蝶尾：具有龙睛鱼的特征，唯独其尾部似蝴蝶。

紫龙睛：整个鱼体呈紫铜色，饲养得好的，还能发出耀眼的紫铜色金属光泽。

蓝龙睛：体色有浅蓝、深蓝之分。游动时，锦鳞闪闪，姿态恬静、优美。

五花龙睛：是由透明鳞类的金鱼与各色龙睛鱼杂交而形成的品种。大部分为透明鳞片，小部分为普通鳞，呈五色斑点，所形成的图案光彩夺目，游动时犹如飘动的彩绸。

紫蓝花龙睛：是以紫龙睛和蓝龙睛杂交而成的品种，以蓝色为底色，镶有不规则的褐色斑纹，素而不淡，颇具风格。

十二红龙睛：身躯银白，独以四叶尾鳍、两片胸鳍、两片腹鳍、两个眼球和背鳍、吻等12处呈红色而得名。其色白得洁净，红得艳丽，十分悦目，是比较珍贵的品种。

喜鹊花龙睛：鱼体以蓝色为基色，头、吻、眼球、尾鳍则均为蓝中透黑，腹部银白鲜亮，酷似喜鹊的颜色。其姿态俊俏动人，但在饲养过程中易褪色，故以其色泽稳定者为上品。

熊猫金鱼：是由墨蝶尾培育而成的，

具龙种鱼之特征。身体较短而圆,尾鳍蝴蝶状,除腹部和两侧各有一块银白色斑块外,头、眼、胸鳍、背鳍、腹鳍、臀鳍均为黑色,有的眼睛周围还有道白圈,黑白分明,酷似熊猫。其姿态憨厚而端庄,招人喜爱。

透明鳞龙睛:有背鳍,鳞片透明,颜色多为红色,具龙睛和绒球之特征。鼻中隔特别发达,凸出于鼻孔之外,形成两个肉瓣似的绒球。在游动时左右摆动,十分动人。龙睛球根据其体色可以分为红龙睛球、墨龙睛球、紫龙睛球、蓝龙睛球、紫蓝花龙睛球、红白花龙睛球、喜鹊花龙睛球、朱球墨龙睛等多种。

四球龙睛:具有龙睛球的特征,只是鼻中隔变异为4个球凸出于鼻孔之外,由此得名。其体色与绒球的颜色相同,但也有不一致的。

红头龙睛:身躯洁白如银。唯有其头顶部朱红如血,红、白鲜艳悦目,背鳍高耸,尾长而大。游动时姿态柔软,飘忽而美丽。

龙睛高头:又称龙睛帽子。两眼之间的头顶部分生长有肉瘤堆,似草莓状,以肉瘤发达厚实、位置端正为上品。依据其体色,可以分为紫龙睛高头、蓝龙睛高头、红龙睛高头、白龙睛高头、红白花龙睛高头、紫蓝花龙睛高头、墨红花睛高头、朱砂眼龙睛黄高头等。

红头龙睛高头：其特征基本同红头龙睛，是由其头部变异之品种即头部具有肉瘤堆，呈红色。

红龙睛虎头：其特征基本上与红龙睛高头相同，只是其头部之肉瘤发达，除头部被肉瘤包裹着外，还下延向两则之颊颈，致使口也被包裹而显得有些凹陷。

睛狮头：其特征基本同红龙睛虎头，只是肉瘤更为发达，隆起得更为厚实。

墨龙睛狮头：其特征同红龙睛狮头，只是全身乌黑似缎，被视为珍品。

龙睛翻鳃：具有龙睛鱼特征，只是鳃盖向外翻转，部分鳃丝露出。根据其体色，可以分为红龙睛翻鳃、墨龙睛翻鳃、蓝龙睛翻鳃、五花龙睛翻鳃等。

龙睛球翻鳃：是龙睛翻鳃的变异品种，即除具有龙睛翻鳃之特征外，鼻中隔变异呈绒球状，凸出于鼻孔之外。根据其红龙睛球翻鳃、紫龙睛球翻鳃、蓝龙睛球翻鳃、墨龙睛球翻鳃、五花龙睛球翻鳃等。

望天鱼：是龙睛鱼的变异品种。眼球向上转90度角，瞳孔朝上，背鳍消失，眼圈晶亮。观鱼时，有先见其光之妙。根据其体色可以分为红望天、蓝望天、红白花望天、朱鳍白望天等。

望天球：是望天鱼的变异种，主要特征是鼻中隔变异呈绒球状凹出于鼻孔外面而得名。依据其体色可以分为红望天球、五花望天球等。

红龙背：无背鳍，瞳孔侧向，鳃盖、头部、鼻均正常。头、体均为红色。

红龙背球：除了鼻中隔变异呈绒球状凹出于鼻孔以外，其余的特征同红龙背。

• 文种鱼

文种鱼的主要特征是体短而圆，头平而窄，嘴尖，眼小，大尾，尾鳍又多在四叶以上。体色多为红、红白、紫、蓝黄、五色杂斑等。高头（北方称"帽子"）和珍珠是其代表种。高头体短而圆，头宽，头顶上生长着草莓状肉瘤，从其肉瘤的生长部位和发达程度还可以分为鹅头型高头和狮头型高头两种类型。前者的肉瘤仅限于头项范围；后者的肉瘤还延伸到两颊颚。依其主要品种的形态特征可以分为很多种。珍珠鱼又称为珍珠鳞，其鳞粒粒如珠，故得名。珍珠鱼有球型、橄榄型两类，还有大尾和短尾之区别。依其体色可以分为很多种：

红高头：头上生长有肉瘤堆，鳃盖、鼻中隔正常。全身通红色。

五花高头：头上有肉瘤堆，鳃盖、鼻中隔正常。全身有的以红色为底色，镶有蓝、白、黄、黑各色斑点；或以蓝色为底，镶有红、白、黄、黑各色斑点。其色彩、图案极美，以蓝底镶红、黄斑点比例大的最为悦目。

红白花高头：头部生有草莓状肉瘤。体表花纹有大小和形状不规则的红白色斑块组成。

软鳞红白花高头：主要特征是有似薄而嫩的软鳞，全身都有红、白斑分布，两眼乌黑闪亮，是金鱼中之珍贵品种。

红头高头：又称鹤顶红。身躯银白色，头项部的肉瘤为红色，似鹤顶红冠，故得名"鹤顶红"，也称"红运当头"。在人们心目中它是幸福、吉祥、福寿双全的象征，深受人们的喜爱。

黄头高头：身躯为白色头顶部的肉瘤为黄色。

朱顶紫罗袍：是由紫高头变异而成，

身躯深紫色，仅头顶肉瘤部分鲜红艳丽。形态端庄文静，雍容华贵，是金鱼中的珍贵品种。

玉顶紫罗袍：头部的草莓状肉瘤洁白如玉，身躯深紫色。

玉印头：又名玉顶高头，由红高头变异而成。全身通红，仅头部正中生有银白色的肉瘤堆，像一枚方正的玉印，非常稀少，很名贵。

墨狮头：由高头变异而成。头部肉瘤发达，显得很厚实，且从头顶部直接下延至两颊颚包及鳃盖，常使嘴、眼凹于肉瘤之中，因酷似威武之雄狮又全身乌黑而得名。在水中游动时，光辉闪烁，深受人们喜爱。

红高头球：头部具有肉瘤堆，鼻中隔呈绒球状，头和身躯呈红色。

红珍珠：体色朱红或者是橙红，鳞呈白色或米黄色突起，形似珍珠，且排列整齐，在游动时闪烁着珍珠般的光彩。

紫珍珠：身体紫色，闪耀着深褐色或紫铜色光泽，珠鳞淡黄色，两色相映，颇有古色古香之风貌。

五花珍珠：具珍珠之特征，只是体表颜色由红、白、黄、蓝、黑等不规则之斑纹所组成。

墨龙睛珍珠：全身乌黑闪光，珠鳞亦为黑色，与鱼体浑然一体。两个算盘珠似的大眼睛又很像是龙睛，非常好看。其他特征同红珍珠。

红龙睛珍珠：具有龙睛鱼和珍珠鱼的特征，全身通红。

红珍珠翻鳃：水泡体色鲜红，珠鳞米黄，异常醒目。它集珍珠、翻鳃、水泡3个品种的特征于一身，所以很珍贵。

• 蛋种鱼

蛋种鱼的主要特征是体短而肥，形如鸭蛋，无背鳍。有成双的尾鳍和臀鳍。鳍的长、短和形状差异较大。一般绒球、水泡、虎头等的鳍短小而圆；丹凤、翻鳃、红头等的鳍较长大。

水泡：在金鱼中属于名贵品种。有一对特殊构造的眼，也就是在眼珠的周围长出一个内含液体半透明的大泡，故称为"水泡眼"。水泡的泡膜很薄，清晰欲穿，像两只珠分别挂在鱼头两侧。水泡鱼在游动时两个水泡眼犹如两只大灯笼，左右颤动，加之双开的尾鳍飘飘忽忽，甚是迷人。水泡鱼根据其体色可以分为红水泡、银水泡、五花水泡、红白花水泡、墨水泡、黄水泡、蓝水泡、紫蓝花水泡、喜鹊花水泡等不同

品种。此外，还有红水泡帽子、黄水泡帽子、红白花水泡帽子等，它们与其他水泡鱼不同的特征是头下长有草莓状的肉瘤。

绒球：其主要特征是鼻中隔变异形成一对肉质球。根据其体可分为红绒球、白绒球、紫绒球、红白花绒球、五花绒球（身披五色斑纹，连鱼鳍也是五花的）。无论是什么品种，均以个大、结实、溜圆、肉质球紧贴鼻孔且左右对称。

虎头：头部长有比高头更加发达的肉瘤，除包着头顶部以外，还向两颊额，眼和嘴也陷到肉瘤里。在头项部之肉瘤上隐约可见一"王"字凹纹，显得威武雄壮。其头大，游动时像蹒跚行动的长者，颇有年高望重之势。根据其体色划分，有红虎

头、银虎头、黄虎头、白虎头、红白花虎头、五花虎头等。此外，还有红眼黄虎头，与以上各种"虎头"的区别在于其黑亮的大眼外还有一圈红色彩膜包着，似镶在头部米黄色肉瘤堆中之宝石，非常悦目。

翻鳃：两个鳃盖的后部由内外反转，鱼鳃裸露在外，外表犹如一个半月形伤口，较体色深。选择时，以鳃盖翻转的程度左右一致为佳。以红翻鳃多见，也有五花翻鳃等品种。

丹凤：鳞片，鳃盖，鼻和头部均正常。体短，头平，尾鳍特别长大，薄如蝉翼，在游动时如轻纱飞舞，宛如神话中所描述的凤凰尾，故得名"丹凤"。

红头：体色银白，各鳍微黄，头顶具有红色斑块，形状弯曲，宛如一只元宝。选择时，要求色块的形状酷似元宝，而且色泽也应鲜亮。

• 生活习性

金鱼比较适应群养和密集养殖。但家养不可密度过大，比较理想的水鱼比为1000:1，金鱼体长和鱼缸长度要达到1:10，这样能保证水质良好，溶解氧充足，否则养殖密度过大会导致水质腐败迅速，水中溶解氧不足，金鱼很容易病亡和缺氧死亡。

金鱼是变温动物，对水温适应性比较强，体温随着水温而变化，在0℃~39℃的水温下都能存活。但金鱼不能适应水温剧变，温度急剧升高或下降超过5℃，都可能危及金鱼的生命。金鱼的生长最适温度在20℃~28℃，这个水温下，金鱼生长发育最旺盛，食量、排泄量和耗氧量都是最大的，这是金鱼最鲜艳活泼。

在养金鱼的实践中，水温处在最适温度，细菌很容易滋生，水质很快变坏，需要频繁换水，否则金鱼会生病死亡，给管理带来麻烦。而金鱼在15℃~20℃的水温下，生命活动也很正常，只是没有最适温度下那么旺盛，但在这个温度下水质能保持比较长时间。因而，可以把水温控制在15℃~20℃。

冬天来临后，要注意把金鱼搬到室内，保证水温在5℃以上，虽然0℃以上都能存活，但当水温低于5℃，金鱼的生命活动就大幅降低，金鱼生长停滞，显得呆滞，色彩暗淡。

金鱼对水质适应性比较强，有一定的耐脏水能力，也比较耐酸碱，酸碱度（pH 值）在5.5～9.5的水质都能存活。偏碱性的水质比较适合金鱼生长，但碱度不能过高，pH 值不能超过8.5。金鱼在酸性水质下会出现食欲不振和动作呆滞，生长停滞。金鱼虽然对水质的适应性比较广，但是金鱼不能耐受水质急剧变化，水质急剧变化很可能导致金鱼生病，甚至危及金鱼生命。

在实际饲养中，为了使得鱼缸保持水清、氧足，需要经常对鱼缸进行换水。为了不能急剧改变水质水温，换水采用兑水的方法，不要一次性换掉所有的水，以免金鱼产生水质和水温不适应病症。如果能滤去食物残渣和排泄物，每天换去1/10的水即可。如果无法滤去食物残渣和排泄物，则每天换去1/3的水，气温高水质变坏快，可以适当增加每天的换水次数和换水量，但需要注意晾晒新水保证溶解氧充足。

金鱼的食性很广，属以动物性饵料为主的杂食性鱼类，要求食物中含有丰富的蛋白质、脂肪、碳水化合物、各种

维生素、无机盐类和微量元素。面包屑、米饭、蔬菜叶、虾米、肉类等金鱼都吃，金鱼更喜欢活食，活食饲养的金鱼生长更好。

在喂食金鱼时，尽量不要投油腻的饵料，油星会封堵鱼缸的液面，导致水中溶解氧不足，很可能让金鱼窒息死亡。如果投面包虫等活食，一定要注意保证活食不带病菌，否则很容易让金鱼生病。不要大量投饵料，以防过剩饵料污染水质，每天投一两次饵料，每次饵料投放量够金鱼10分钟左右吃完即可。不要长期投喂单一的饵料，要混合投放饵料，保证营养全面而充足。

金鱼是性情温顺的宠物鱼，很少出现大鱼攻击小鱼等争斗情况。但是，孕产期的金鱼性情则可能会出现大变，变得凶狠好斗，因而孕产期的金鱼要单独一个鱼缸养。

123

盖斑斗鱼 〉

盖斑斗鱼是一种小型的淡水鱼类，又名三斑斗鱼、台湾斗鱼，英文名称为天堂鱼，日本人称台湾金鱼。原产于中国南部、海南岛、中南半岛及台湾。

盖斑斗鱼具有迷器辅助呼吸器官，可以直接呼吸水面空气。头部眼后到鳃盖有一黑色纹，鳃盖上有一暗绿色圆斑。成鱼体长约5~7厘米，通常雄鱼体形较大、雌鱼较小，雄鱼颜色较为鲜艳，身上的条状斑纹较为明显、色彩也较艳丽；雌鱼的色泽则比较淡。此外，雄鱼会拥有较长的尾鳍且呈燕尾状，雌鱼的尾鳍短，燕尾状不明显。雄鱼可活3~6年，雌鱼则为2~3年。

- 习性

喜栖息于水生植物较多的平原缓流区或湖沼区；在低溶氧时，能吞入气泡到消化腔中进行呼吸。杂食性，以浮游动物、水栖昆虫及藻类为主。5~7月为繁殖期，雄鱼此时具领域性，在水草区的水面制造气泡，引诱雌鱼将卵产于气泡中。

- 生活环境

盖斑斗鱼主要栖息于池塘、沼泽地带、稻田等水流和缓的地区。群居于水草覆盖区，以浮游动物、水生昆虫、蚊虫为食。最佳生长的水温范围约为20℃~27℃，但是在4℃~38℃的水温中依然可存活。适合生活的pH值在6.0~8.0。

• 生长

　　盖斑斗鱼受精卵约两天时间便能孵出幼鱼，视气温而定。刚孵出两三天的幼鱼还无法平游，以体内的卵黄囊维生。可平游后以水中的浮游生物为主食。雄鱼会持续照顾仔鱼直到仔鱼可自行游开觅食。成长快速，约半年即可发育成熟。

• 饲养

雄性盖斑斗鱼十分好斗，应该被单独饲养，雄性可与雌性饲养；雌性斗鱼可一起饲养。每条成年的盖斑斗鱼至少应该饲养在 2.5 加仑的水量中，最佳的饲养环境应该种植一些水生植物，和可用作躲避的沉木和石块。盖斑斗鱼若要与其他鱼类混养，必须小心选择。适当的混养鱼类包括大型的斑马鱼、大型的灯鱼、小型的鲶鱼，甚至一些较不好斗的小型慈鲷。移动慢或长鳍的鱼，譬如金鱼和淡水神仙鱼可能会被攻击。其他斗鱼如 bettas(泰国斗鱼) 和 gouramis 也可能被攻击。盖斑斗鱼也许会试图向雌性 bettas 和 gouramis 求爱。

• 台湾斗鱼

　　台湾的盖斑斗鱼由于地理上的区隔，演化出不同于东南亚地区的亚种。台湾的盖斑斗鱼也根据分布地区的不同分成食水岑型、三义型、嘉义型、北埔龙潭型。台湾清华大学曾晴贤博士由 DNA 鉴定结果确定以上 4 型 DNA 相近，可视为同一种。

　　由于台湾的环境污染、农药滥用、过度开发以及外来种盖斑斗鱼与台湾斗鱼的杂交，台湾纯种的盖斑斗鱼日渐稀少。行政院农委会于 1990 年将台湾盖斑斗鱼列入"珍贵稀有保育类野生动物"予以保护。

　　盖斑斗鱼生活于平缓的水域，这种环境也是蚊子的繁殖地。成年盖斑斗鱼在野外的主食即为蚊虫以及孑孓，一只野生盖斑斗鱼一天可捕食 300 只孑孓，因此对于防治病媒蚊有很大的效果。因此当地正在尝试复育台湾盖斑斗鱼并计划性放养，以最自然的方式来防治病媒蚊。

图书在版编目（CIP）数据

　　水箱里的主角——观赏鱼／于川编著.—长春：
北方妇女儿童出版社，2016.2 （2021.3重印）
　　（科学奥妙无穷）
　　ISBN 978 - 7 - 5385 - 9726 - 4

　　Ⅰ.①水…　Ⅱ.①于…　Ⅲ.①观赏鱼类 - 青少年读物
Ⅳ.①S965.8 - 49

　　中国版本图书馆 CIP 数据核字（2016）第 007764 号

水箱里的主角——观赏鱼

SHUIXIANGLI DE ZHUJUE——GUANSHANGYU

出 版 人　刘　刚
责任编辑　王天明　鲁　娜
开　　本　700mm×1000mm　1/16
印　　张　8
字　　数　160 千字
版　　次　2016 年 4 月第 1 版
印　　次　2021 年 3 月第 3 次印刷
印　　刷　汇昌印刷（天津）有限公司
出　　版　北方妇女儿童出版社
发　　行　北方妇女儿童出版社
地　　址　长春市人民大街 5788 号
电　　话　总编办：0431 - 81629600

定　　价：29.80 元